20~30岁，
不要过成你讨厌的样子

廖智枫／著

化学工业出版社
·北京·

图书在版编目（CIP）数据

20～30岁，不要过成你讨厌的样子 / 廖智枫著.
—北京：化学工业出版社，2018.6（2024.1重印）
ISBN 978-7-122-31932-6

Ⅰ. ①2… Ⅱ. ①廖… Ⅲ. ①成功心理-青年读物
Ⅳ. ①B848.4-49

中国版本图书馆CIP数据核字（2018）第073778号

责任编辑：郑叶琳 张焕强　　装帧设计：王 婧
责任校对：宋 夏

出版发行：化学工业出版社（北京市东城区青年湖南街13号 邮政编码100011）
印　　装：三河市双峰印刷装订有限公司
880mm×1230mm 1/32 印张7 字数95千字 2024年1月北京第1版第4次印刷

购书咨询：010-64518888　　售后服务：010-64518899
网　　址：http://www.cip.com.cn
凡购买本书，如有缺损质量问题，本社销售中心负责调换。

定　　价：32.00元

你喜欢怎样的自己?

那天，朋友跟我说：“这两年，经历太多事情，也看透很多事情。人人削尖脑袋往前挤的年代，我也在变。”

我沉默了很久，跟他说：“别活成自己讨厌的样子就好。”

他说：“没办法，不那样就得死，那样才能活。”

我问他：“只有死和活两个极端存在吗？”

他说：“不死不活有什么意思？”

我又问他：“你快乐吗？”

他烦躁起来，不耐烦地说：“你怎么还这么幼稚？成年人哪儿顾得上那么多快不快乐！”

我竟无言以对。

这一场谈话不欢而散。

我不怪他，因为烦躁已经暴露了他内心的不安与无奈。我也并不幼稚，我不会教你做一枚“傻白甜”，人不可能同时拥有春花和秋月，不可能同时拥有繁花和硕果，我再清楚不过。

然而，我同样明白，虽然鱼与熊掌不可兼得，但你喜欢的样子，与你想要的东西，不一定势同水火、有我没它。

虽然我无法说服他，可我坚信，人生中的很多时刻，都不是非死即活、非黑即白的。也就是说，你不是非要那样不可。你不是必须阿谀奉承才能讨得领导欢心，你也不是非要栽赃陷害才能打败对手，你也不是只有冷酷无情才不会被伤害……

不是那样的。你的面前，一定有不止一条路供你选择。其中有一条或者几条路，可能会让你在泥泞中摔倒，让你掉进深坑险谷中，让你经历漫长的风霜雨雪。但是，它会让你在品尝甜美果实的同时，保留你金子般的内心。

而还有一些路，它能让你更快到达目的地，让你路上少受一些风刀霜剑的折磨，让你不吃亏少受累。然而，它需要你拿出灵魂作为交换。

你认为自己该走哪一条路呢？

说到底，如何选择，不过是取决于你想要做什么样的人，过怎样的人生。

我认识的一个人，明明白白地向大家宣称："如果不能名垂青史，那我宁愿遗臭万年。"即便遗臭万年，那也不是他讨厌的样子。所以，他那些跳梁小丑的行为，无论别人如何指摘，对他都不痛不痒。因为，对他自己来说，内心没有撕扯。所以，他不是不幸福的。

而我的一位朋友，多年前，我们曾经看着菜市场那些非要从韭菜里挑出仅有的一根茼蒿、非要让大排不带一丁点儿白肉、为了让摊主便宜块儿八角软磨硬泡的人，发自内心地同情，并且不以为然。但是现在，当她在某宝上为了让店主便宜两块钱而花上整整半天时间并且最终仍被拒绝时，气愤地破口大骂。她最终活成了自己讨厌的样子，并且不自知。她也不是不幸福的。

最痛苦的，是活成了自己讨厌的样子，并且心知肚明。

活成了自己讨厌的样子，过着连自己都厌恶的生活，这样的人生，生有何欢？

人这一生，不能活得太懦弱，把所有的亏都吃尽；也不能活得太狠绝，把所有的便宜都占尽。我喜欢中庸之道，能据理力争，同时又可以得理饶人，活得不卑不亢，有滋有味。

年轻的你呢？你喜欢自己是怎样的？你又讨厌什么样子？

世界上总有人能成为自己喜欢的样子，为什么不能是你呢？

目

录

目 录

C O N T E N T S

01　你凭什么活得心安理得？

目　录

CONTENTS

02　在这个忙碌的世界里，慢点走

目 录
CONTENTS

03 一切都是最好的安排

目 录

CONTENTS

04 爱钱，但更爱真实的生活

ONE

01

你凭什么活得心安理得？

成功，需要找准方向，定下心来，努力奋斗。在前行的路上，你若还未成功，请不要急于否定自己，或许，只是时机还未到。

年轻的另一个意思就是“折腾”

人生贵在折腾。

住豪宅、开好车、吃大餐，我相信这对大部分人都是很有吸引力的，你我也不能免俗。然而，却鲜少能有人自降生就口含一把金汤匙。

一个朋友，家境还算殷实。

10年前去过他家，是一个面积很大的房子。

10年后又去他家，这次他搬家了，换成一个面积更大的土豪宅了。

他说，不折腾行吗？你老老实实待着，等着从天上给你掉下套大房子吗？就是要折腾，才能越住条件越好。

细思下来也不无道理。无论你身边朋友涉足何种领域，其中都会有一些人过着让你羡慕的生活。有羡慕就有嫉妒，有嫉妒就会心生不安。为什么他可以，我不行？明明我觉得自己更有能力。

躁动的心在翻滚，想法也就跟着不断腾涌。

可是，思想是虚无缥缈的意念，让它落地，需要脚踏实地去挥洒汗水。

平素最喜欢看网络上各式衣帽间的效果图。看着错落有致的格子里整齐地码放或挂上一件件衣服，心情顿感舒畅。

热裤、七分裤、小脚裤、阔腿裤、连体裤……种类简直太多，我想单单裤装其实就可以为它们单设一个衣帽间。有没有钱先放一边，反正女人的衣柜里永远缺很多件衣服。

我承认，在储备衣服方面，我的性格非常女人。具体表现症状就是，永远感觉不到满足，永远都是在买买买，或是走在去买买买的路上。

可是，说真心话，到手的没有一件是让我真正满意的。我想要的款式没有，有的款式我不喜欢。

我想做出我喜欢的款型和样式。

可是我没有合伙人，也不懂设计。我想到了搞绘画的朋友，可是拉她下水并不容易。我当时工作环境相对宽松，然而朋友工作稳定而且忙碌，期望她辞职来跟我干这看起来不太靠谱的事，简直难于登天。

不过，万事开头难，这种心理准备我还是有的。于是对朋友，我开启了软磨硬泡模式。最后，她终于答应帮忙联系做服装设计的朋友。而她，则闲时在我这里当个不坐班的兼职人员。

人定了，开始找工作室。我需要一个可以在夜晚和周末供我们畅谈服装设计意见、挑选搭配布料、剪裁刺绣的场所。约房主、看办公间，每天一有时间就是东跑西颠。

那时是冬天，北方11月的风也是很有些刺骨感觉的。不过，那又如何？我把即将拥有一个属于自己的服装工作室的想法，小心翼翼地装入玻璃瓶中，呵护在心头。

暖暖的。

隔年1月，在那年的农历年前，凝聚着我们集体心血的，属于我们自己的第一件衣服正式完工。

一件带帽的短款斗篷。整体上，以火红的皮草做主料，辅以纯色绸缎做内衬，再以白色皮草料包边。帽子根据我的建议设计成了带毛绒球的尖头样式，戴上后，帽子后面整体呈下垂样，小魔女劲头十足。而整件衣服的亮点则隐藏在内衬右下角，是朋友设计的图标，上面我们三人表情各异，趣味十足。

我们三人那天非常高兴，喝得烂醉，团在沙发里睡得东倒西歪。

然而，这段经历的结局并不完美。我们还没来得及扩大生产规模，由纯手工转为流水线，就撑不下去了。市场是残酷的，无名的昂贵物品几乎无人问津。

可是，我很开心。直到现在，我们再说起曾经的这段冲动时光，依旧能够笑着，回忆深夜中工作室里亮着的那盏孤灯。

有想法，就应该努力让它在现实中生根发芽。哪怕中途无法挨过凛冽的风雪和酷热的烈日。

失败怕什么？你还年轻。年老怕什么？你还有激情。没有激情怕什么？你还有想法，还有你的踏实肯干。

想法，就像是风浪中依稀可见的灯塔，顺着它行进，你将不会迷失方向，哪怕走再多的路程，你终将到岸。或多或少，或欢乐或悲伤，你终将会获得些什么，绝无空手一说。

至今我都时不时会穿出缀有我们图标的自定义衣服。这段努力追梦的青涩时光给了我充实，也教会了我生活、创业的不易。那丰富了的阅历，是我至珍的瑰宝。

虽然与住大房子的朋友不同，我为了想法的折腾，并没有成功获得物质上的满足，但是我并非血本无归。最起码，我明白了为了目标付出时的乐趣，体会了想法实现时的欢欣，知道了现实社会的骨感。

实际上，兑现想法，其过程比结果更重要。

我庆幸当年没有将那装有想法的玻璃瓶束之高阁，否则我将一无所获。

还好，我没有放弃自己，坚守了信仰。

更美好的是，我为了我的信仰，付出了我的努力去实现了它。哪怕中途夭折，我得到的远比失去的多。

当你脚下既有沼泽又有陷阱时，成功才会临近

没有任何成功是可以随随便便取得的。

你或许看到了别人的成功，却未见其中的艰辛与曲折。通向成功的道路，弯弯曲曲，如林间小路般，九转十八弯。

同学兼闺密艾小姐曾向我描述过关于她的一幅职场蓝图：待完成这个项目后，升职、加薪、发奖金。

她说的“这个项目”，是指他们团队负责开发的一个系统项目。她所在的集团规模很大，下面子公司林立。为了方便管理、提高效率，集团决定开发一套系统，集团及下属公司的多个部门均可登录。系统内版块众多，可谓集产、学、研于一体。

作为项目中的一个螺丝钉，自从项目开始后，艾小姐彻底被扭入了这个庞大的机器之中。尤其在后期，曾经被称为社交女王的艾小姐，简直成天神龙见首不见尾。

一次同学结婚邀请我参加，挂断电话之前，我特意询问了一下，认识的人里还邀请了谁。在不长的名单中，我听到了艾小姐的名字。

挂断同学的电话后，紧接着拨艾小姐的电话。可是，我却不知道算是接通了还是没接通。

电话那头确实是艾小姐的声音，但是却只听见她扯着嗓子情绪激动地在说着些什么。我接连对着电话“喂”了好几声，她都不接话茬儿。就在我无奈要挂电话时，艾小姐终于没好气地来了一句：“咋了？有话快说，忙着呢。”

“橘子要结婚了，中午你去不？一起做个伴儿。”

“没空。不去。”

“就在离你单位不远的那个酒店。”

“不去呢不去。不跟你说了，忙着呢，挂了。”

可是没想到，在那天同学的婚礼上，我见到了艾小姐，不过是在礼成后。当时菜已上齐，一些吃得快的或是赶场的已经先撤了。艾小姐风风火火进来，一屁股坐到了我旁边，拿起我的筷子就开吃。

我都傻了，那样子简直活像几天没吃过饱饭的饥民一样。

艾小姐说，不想吃公司食堂了，出来蹭个饭，而且这个时间来也不用跟周围认识的人攀谈，省事。

距离上次见艾小姐，也就3个月左右，艾小姐明显清瘦了许多，不过更加精干了。按照她自己的话讲，消失的这几个月，正是最后整合阶段，目前和接下来的工作就是调试、培训、上线和大功告成。现在的日子很简单，四个字足以概括：加班、闹心。

调试时需要测试者给提意见，成千上万条意见汇总起来，无非就是各种提问和各种质疑。一字一字读，一条一条解决，除了烦就是窝火，“没脑子”“问题低能”，诸如此类的评价在办公室此起彼伏。可是骂完了还得解决。

我发现，恨恨的艾小姐脏话说得越来越顺了。

匆匆扒完饭，艾小姐快步走了，继续去过她的抓狂日子。

后来，过了几个月，艾小姐终于肯主动打电话给我了。

我轻笑：“升职了？”

“当官不可能，不过价值是升了，别看就是根艾草，干完活照样得给我涨涨。”

我叹了口气，这个过程好累心。

耳边依稀还残留着艾小姐激动时的骂骂咧咧。

曾经的艾小姐并不是这么容易动气，也不是如此不拘小节。由一个女子变身成一个女汉子，过程是那么辛酸。

每个人的追求不同，理想也不一样，或许你的梦想就是去趟游乐场，或许你仅仅是想拥有一架遥控飞机，再或者你憧憬着去南极一睹企鹅真颜。但无论是什么，前方都是崎岖而漫长的。

在通往成功与梦想的漫漫长路上，注定荆棘密布，险象从生。

成功是可以憧憬的，更是需要去追求的，就像不想当将军的士兵不是好士兵一样，没有目标的人生是黯淡无光的，你可以证明你已生，却不能说你是在活。

当你的人生中，生与活割裂开时，你将成为蝇营狗苟、行尸走肉的代名词。

可是啊，要想脱离这种无趣的生活，迈向成功，你需要知道一点：成功并不是山谷中的回音，你大叫一声“我成功了”，就真的能够听到那自远方传来的回响“我成功了”。

你的脚下将注定有沼泽、有绊脚石、有陷阱，它们一望无边，漫漫延伸至天际。要想穿过这些到达成功的终点，勇气、胆识、坚忍，缺一不可。

你要知道，你想要的成功，不论大小，并不会一蹴而就。艰辛与曲折将一路与你相伴。

伟大和粥一样，都是熬出来的

淅淅沥沥的雨又下了起来。

以前上学的时候，老师讲解雨的形成：水蒸气、凝结、小冰晶、碰撞、变大，最后掉落。前面所述条件一个都不能少。即便之前小冰晶们再不安分，只要空气托得住，它们就修不成正果——无法变成雨滴掉落。

成功亦如雨，不是随随便便就能获得的。

我没有艺术天分，却有学艺术的好友。

好友学绘画出身。以前做同窗时，经常给她当速写模特。

那时，我们都很期盼学校开运动会，一开就至少停课3天。我们会偷偷摸摸带零食去。如果自己没有比赛，就一边吃零食，一边给运动员加油，一边聊闲天，一边看比赛，几件事同时进行，绝不冲突。而好友并不加入我们的阵营，但她同样很兴奋。因为这是一个绝佳的画场，相对静态、绝对动态，应有尽有。

从小学到研究生，一路走来，她始终没有放弃绘画。

但毕业找工作时，她毅然转了行，干起了她从未接触过的内勤。

她告诉我，绘画需要天分，需要努力，需要被赏识。虽然不完全算是一个衡量标准，但是好的作品是可以放到画廊，挂在墙上的。而她没有经历过。

一幅也没有。

我很少看她的画，即使是以前她给我画的那些速写，我也基本不看，因为她画得太多了，几乎每天的大课间她都要扭过头来给我画。虽然我不懂画，但是我懂得麻烦，如果说每幅画都要看，那么我绝对看不过来。

但是上学时，有一次下午大课间我去画室找她的时候，我看过她的一幅画。一幅很美、让我很震撼的画。

水粉画。我记得是这个名字。

老师在最前面的桌上放置了两个花瓶，中间鼓肚的那种，让大家临摹。

他们的校内绘画辅导课是从下午第一节课开始，所以我大课间进去时，基本都已经临摹完毕，处于晾干环节。

老师不在，我大摇大摆地进去了，不过是从后门，所有人的作品一览无余。

我不得不再次强调一遍，我不懂画。除了在电视中看到过画廊长什么样，从未亲身进过画廊、美术馆。

但是，那么多作品里，我一眼就看到了那一幅。

逼真、干净、不拖沓。

我无法想象用流动的彩色液体，在倾斜的画布上，能够画出如此夺目的作品。

我确实被震撼了。

是的，那的确是我好友的作品。

所以，当我得知她彻底转行后，我无法说出任何话来，好像千言万语都堵在了嗓子眼，无法理出出场顺序。

人在真正的悲痛情绪中，没有眼泪；在深沉的惋惜心境中，没有话语。

那一刻，我真的觉得，她离画廊、离成功并不远，即使不是临门一脚，也是可以瞅见的距离。哪怕再多坚持一下呢。

母亲很会做饭，尤其是母亲熬的粥，软糯爽口。

以前随母亲熬过粥，白水煮沸，放入淘过一遍的小米和洗净的南瓜，开锅后转小火。

20分钟后，颜色已变黄，搅动汤勺，小米早发了起来，我准备关火。却被母亲叫住："不要关，再熬半个小时。"

半个小时后，整锅粥已呈金黄色，南瓜和小米融为一体，难舍难分。

整整50分钟，比之前我要停火的20分钟还要多半个小时。

20分钟时，粥实际上已经熟了，可是，要想达到最佳口感，要继续熬下去。

每一个兴趣、爱好，在入门时都不是非常难，可是巅峰、顶点永远只是一个小小的平台，能够站上去并站稳的人，就那么一小撮。

他们也都不是生下来就荣耀满身，他们也是从a、o、e或A、B、C开始，一点一点向顶峰攀爬。

他们或许也有在20分钟想关火的时候，但是他们并没有关，而是继续熬了半个小时，才最终让我们知道了他们。

现实很残酷，历史更残酷。它只让我们认识了那些被称为伟人的人，而将绝大多数普通人淹没在了历史长河的泥沙中。

不知其名，亦不知其数，唯闻其多。

“熬”，某种意义上，它并非一个无奈的、消极的词汇。它指示了一种人生状态：坚忍、沉默，然而充满希望。

愿你能经受得住熬的历练，出锅时香甜爽口。

别人成功了，一定有值得你学的地方

骄傲，是前进的大敌。

永远也不要太过高估自己，更不要随意藐视他人。

以前上学时，宿舍对门有一个女生，平素为人很低调。走个对脸，总是由她先开口打招呼；到饭点，宿舍人不想出去，打电话让她捎饭，她从来没怨言；晚上同宿舍的人招呼去逛学校附近的商品街，她也欣然加入。

总之，乍一看很普通。扔进人堆里，不显山不露水的那种。

但这只是她想达到的效果。

毕业聚餐，不知是谁起的头，反正话题聚焦到了她身上。有人直接说："实际上你家境很好。"确实够直接，连疑问词"吧"都省略了。

她倒也爽快，反问一句："你是怎么知道的？"

在座的同学纷纷一笑："你应该问：你们是怎么知道的？"非常简单，从她平时用的、穿的，很好明白。

不要天真地以为只有你知道，只有你聪明。正常成年人的世界里没有绝对意义上的傻。

懂得谦虚，才能细心观察，从而发现别人的闪光点。

同办公室有个前辈。最初对她的印象就是，工作能力一般，或者说效率一般。平时一天就能完成的工作量，放到她手里，干一个礼拜可能还有个尾巴甩在门外没收回来。

按我的思维理论，如此没有效率的人，在领导那里是很吃不开的。

然而并不是。

领导总是对她和颜悦色，反而对我冷眼相待。

我不理解，更不服。

可是一味自大是没有任何用处的，于是我开始留心观察她的行为。

那天早上，天阴得厉害，一扫之前骄阳似火的烧烤模式，很有山雨欲来风满楼的架势。

过了一会儿，领导一身运动装出现了。

她起身笑吟吟地走了上去。

“今天好像会有雷阵雨的样子。”

“对嘛，所以我穿这一身来，省得到时候不好走路，还溅得哪哪都是泥汤。”

“要不我说呢，您今天的风格跟以往完全不一样。这天穿这一套既方便又实用。”

“哎哟，你还别说，这天说变就变，忽然又冷了。”

“是呢，我寻思着您来了得先暖暖身，茶已经泡好了，今天是美容养颜的花茶，您尝尝。”

……

全程我插不进一句话。

我发现，我想到的，她都已经做好了。我没想到的，她也已经说出来了。不仅主动抛出话题帮领导解释了为什么穿衣那么休闲，还适时表达了自己的细心周到。由此做引子，再谈工作，任谁都不好再伸手打笑脸人。

在职场中有许多身不由己，会做事，固然是好，但是同时也要会做人。

俗话说，要会来事儿。

在努力向上爬的过程中，身体素质要好，办事效率要高，迎来送往更要做得漂亮。毕竟没有哪个领导会喜欢一个只懂得工作的机器人，即便有思想，但是没有感情，说出去的话连个回音也没有，领导也就难免情绪失落，久而久之，领导与你的亲切对话也就变得越发遥遥无期了。

当然，我并不是推崇职员里那种没有效率而只知攀谈的类型。可是，这确实是保证在社会中更好生存下来的一种技能。既然他们能够获得喜爱，说明一定意义上，他们是成功的，而你是失败的。换句话说，这是你的弱项。

端正心态，正确看待别人的强项，对其中合理部分予以吸收，你将更为强大。

所谓如虎添翼，大概就是这个意思吧。

 有决心的人未必有耐心

做人要立长志。

小学时，在思想品德课上，老师提出过一个问题，让我印象十分深刻。

“大家说，常立志和立长志哪个好？”我想都没想，脱口而出：“常立志。”可是全班都在齐声喊：“立长志。”我一想，还真是。我错得简直太离谱了。

一语成谶。此后虽然我记住了应该立长志，可是我却不停地做“常立志”的事儿。

大学临毕业那会儿，我比较勤快，论文早早就写完了，立意差强人意，只须在细节上进行些修改就好。

反正是与导师邮件往来，也就收拾行李回家玩耍了。

那段时光相当惬意，每天不是鸡鸭鱼肉地补，就是昏天黑地地睡。

没有任何意外，我成了球形。

以前家里人都说，你太瘦了，应该胖点，鼓起来好看。我真鼓起来了，却没有人说我好看了。

对着体重秤上噌噌往上翻的数字，我摸了摸身上的肉，欲哭无泪。

我告诉自己，从明天开始，到归校的两个月内，我要再次瘦成一道闪电，最起码也不能让大家不认识我。

那时是早春，6点的时候天还有些黑，不过为了我的减肥大计，我挣扎着爬了起来。套上新买的里外全新运动装，出发了。

一共5公里左右，沿途4个红绿灯。基本上保持匀速慢跑状态，遇车时做抬腿运动。

开始时，缺乏锻炼的我，跑了1/4就气喘吁吁。

坚持，继续坚持。

终于在一个月后，我做到了跑完全程后，仍能使心跳保持在合理区间内。

再加上控制碳水化合物的摄入量，我明显感觉到肉在不断紧实，体重在坐滑梯。果不其然，上秤后，数字往下跌了。

减肥大计完成了一半。再坚持一个月，就能成功了。

可是天气在逐渐转暖，跑完后出的汗越来越多，而且好久没有降水了，空气很干燥，到处飘的都是细菌。更可怕的是，竟然还有怪叔叔尾随。

有一次我结束了当天的跑步计划后，一边散步一边往回走，途中听到了后面的一个声音说："你挺厉害啊，我一路跟着你骑车子过来，你中途竟然没有休息过。"我回头，看到了一张面带笑意的中年大叔的脸。

好在天亮得稍早些了，好在我没有在人烟稀少的市区外围锻炼。现在想起来还心有余悸。

可是天实在太热，还是晚些出去好了。渐渐地，我改成了6点半，7点，7点半，最后终于不出去了。早晨在被窝中睡觉简直太舒服了，比打着哈欠出门要享受多了。

于是我晃荡了一个月。

该准备答辩了，我回学校了，揣着我变松且稍稍变多的肉。

然后就悲剧了，朋友们见了我，都在问："你怎么了？肿了吗？"

没有肿，只是没有耐下心坚持下来。

说出一句豪言壮语，非常简单，动动嘴皮子的事。然而让话语落地却需要实打实的流汗付出。

谁都有理想，都有自己规划的要到的明天和要奔向的远方。如果是一个玩笑，那么扭头就忘也无所谓，但是如果是下定决心要去的地方，势必不是容易到达的。例如，无聊的你决定要去邻居家跟阿姨聊会儿天。这是举手投足就能做到的事，无须规划。涉及了规划，就牵扯到了决心。

今天你信誓旦旦表示自己要在某年某月某日实现某个目

标，那么在路上你需要做的就是耐得住寂寞，经得住挑战，抵制得住诱惑。

仅有一句“再坚持一下”是不够的，如果你的心疲了、倦了、累了，不愿再坚持了，那么你将很难履行这句话。身体的其他器官是不会做自主运动的，除了你的心，你的耐心。

有些人有些目标没有办法实现，就是因为他做了决定，却在旅途中忘记了将耐心装入背囊。

请不要做常立志的人。既然立下了一个誓言，用耐心鞭策自己坚持下去才会不枉之前的点滴付出，不枉此前立下的那个长志。

“我不行”说太多，就真的不行了

适当的拒绝，是谦虚。过多的否定，要么是真的不行，要么是潜在的出局。

人不能完全没有压力，但是也不能压力太大。总是玩或是总是被工作驱赶，都断然不是长久之计。

曾经看过一个故事。一个8岁的小男孩，非常调皮，每天只知道玩，也只想玩。勉强被提溜到学校，却从来不好好听讲，还总是打扰别的孩子学习。

老师很无奈，问他：“你喜欢做什么，上学还是回

家玩？”

小男孩不畏权威，回答说：“回家玩。”

老师倒也爽快：“好的，那你就回家去玩吧，以后不用来上课了。”

小男孩真的回家了。

但是只过了半个月，小男孩就回来了，不是被家长打回来的，而是自己老老实实回来的。

他说，刚回家的时候，每天都可以随心所欲地玩，感觉特别好。可是时间一长，就发现很没意思，“玩”这件以前非常有意思的事，变得很无聊。所以他又来上课了，而且此后再上课，也变得规矩多了。

很多事情的发展过程就如同一条抛物线，当到达顶点时，往往会走下坡路。

办公室曾经有个很年轻的小妹妹。长相甜美，身材高挑，毕业学校也不错。起初也没多想什么，直到有一天一起吃饭时，旁边有人神秘兮兮地说：“你们可不知道小姑娘当年应聘咱公司哪个职位。只可惜，当年老板又改变主意了，要不然，咱们现在就没机会和她同桌吃饭了。”

其实不难猜，公司里的某个岗位，一个刚毕业的小姑娘就能应聘，岗位很重要。一条条筛选下来，符合条件的并不多，再加上说话人的口气，只有一个答案：总经理秘书。

据说当年总经理的确要换秘书，而且都已经进入了招聘流程。但是最终面试还没结束，之前的秘书又说不辞职了，想要继续干下去。于是小姑娘被打发到了办公室。

与总经理办公室的距离，由最初的一道墙，变成了两道墙。

其实也并不远，每天上下班正常打个照面还是很容易的。而且毕竟最初是秘书的热门候选人之一，所以平时总经理对她也给予了较多的关注。

她还很年轻，有的是机会翻身。

终于，公司传出了原秘书怀孕的消息。我暗想，小妹妹的机会来了。

然而，人事任命单上，我却没见过她的名字。

风言风语间，我听到些貌似不相关的传言。

其一，一次公司举行内部讲座，总经理也参加。落座后，总经理看见小姑娘从他身边走过，去后面找座位。他叫住了小姑娘，指着旁边的位置说："这里有位置，要坐吗？"

小姑娘连摇头带摆手，说了好几个"不用了"。

其二，总经理秘书休息时，难免会有客人来，这个时候端茶倒水的工作就落到了他们办公室头上。每次他们都要推举一个人去办公室沏茶、倒水、续水。一屋子领导，气势确实逼人。每每有这种事，他们都要互相推，而尤属小妹妹向后退得最快、步数最多。

这也就难怪了。能熬到总经理的位置上，不论岁数大小，眼神都是很犀利的，心更是跟明镜一样。

总是将"我不行""我不会""我做不好"挂嘴边，久而久之，面对困难时，你就会越来越没有勇气解决，越来越懒于思考如何解决。你的危机意识、进取意识也会淡化。

面对这样的你，我想没有一个总经理会做好反过来给你当秘书的思想准备。

你退化的时候，领导也慢慢抛弃了你。

我们这个民族讲究礼仪，遇事说“我不行”不是不可以，但是谦虚一下也就行了，大家没有心情也没有时间等你说够十个八个的“我不行”再干活。听到太多的“我不行”，大家会默认你真的不行。

既然你不行，那就请靠边站。

就这样，“我不行”先腐蚀了你的神经，再切断大家对你的信任和期待。最后，你将被遗弃在角落，无人问津。

或许当下你还会感谢大家的亲切关怀：没有人叨扰你，可以舒服地过每一天。

然而时间一长，你会发现，没人理你，是因为你不值得大家理；而大家不理你，你会寂寞。

可是你已经没有胆量，也没有资本再去争取了。

凡事不能太过。

安逸、玩，或许很轻松，不用费脑子，也没有压力，可是到头来，你会真的过得不开心。

当初的“我不行”，由主观与客观共同作用、发酵，你会变得真的不行。

想要输得彻底，只须放弃自己

如若选择自我放逐，那么你将注定咀嚼失落。

此前与几位长辈一起吃饭，席间聊起了工作观问题。长辈们众口一词，争相数落现在年轻人对待工作问题时的轻率与鲁莽，指责大多数年轻人已经没有了他们那个时代以单位为家、全心全意对待工作的思想，一换而为以跳槽为时尚，讲究蜻蜓点水的风气。

面对这一问题，我无言以对。一方面，我想为自己所属的年轻人行列争辩；另一方面，我无力争辩，因为长辈们的话的确有些道理，这点我不得不承认。

我也经历过几次跳槽，有不得已的，也有主动的。

一天晚上9点半下班到家，我本想抓紧时间洗漱休息，第二天8点还要赶到单位打卡。

然而母亲厉声叫住了我，说隔壁奶奶的女儿的大姨的外甥女告诉她有个不错的单位，现在有个岗位空缺，正在招人。

一听这种拐了八道弯的消息，我本能地有些抵触情绪，但是母亲大人的话总是要听的，于是记下了单位名字，上网查。

还行，比上不足比下有余的类型。

可是，对现在的工作，我还没到倦怠期。

而且，因为目前的岗位属于枢纽岗，离领导比较近，平时领导如何待我，我是有切身感受的。

更为关键的一点是，我们部门的经理岗位，人员空缺。

之前在刚过试用期时，我曾被叫到了老板办公室，不明就里的我以为又要分配什么任务，拿着本、笔赶忙进屋，却看到老板不慌不忙走向沙发，一挥手，让我关上门、坐下。

与老板相对而坐，不紧张是扯谎。

全程对话20分钟，老板不慌不忙问，我慌慌张张答。走出老板办公室，静了静，我想，这是一种变相的测试吧。

机会不远了，我不想离开，最起码不想现在离开。

然而母亲大人不这么想，随后的几天里，她不停地催促我收拾包袱辞职。理由很充分：我就没看见你天黑前到过家门。

这倒是实情。其实并不是多么忙，只是有时候有会要开，有时候临时有事，或者纯粹是在下班后有聚会，虽然后者发生的概率微乎其微。

我决定不向母亲大人屈服。

事实上也没有屈服，只是我没有抵挡得住温言软语的攻势。

我离开了那个单位，离开了几乎唾手可得的经理岗位。

决定离开时，老板找我谈话，问我为何离开，如果是因为工资问题，以后肯定会涨的。我明白他口中那个“以后”

是什么时候。

我承认我没有那么高尚，“不是因为工资低”这种话我说不出来，我相信，不论听者，还是说者，都会觉得假得可怜。

可是，我更为之动心或是说曾经让我一再犹豫不决的，是升职后的历练。这可能是用多少钱也买不来的。有些事情你不亲身去做、不亲自去体验，你将永远也不懂其中的奥妙所在。

一定意义上，我觉得我放弃了宝贵的经验，放弃了一去不复返的时间，更放弃了我自己。

可是已经无法挽回。

美容院的广告总在强调作为一个女人，要懂得为自己下血本。冻结青春，是你的权利，只是看你用或不用。你如果拒绝，美容师多会摆出一副“这女人不懂得珍惜自己”的表情，让你觉得你是很悲哀的。可是，这多是广告效应。无论你是否悲哀，青春终究会消逝。

你能做的更积极的事情，是努力提升自己，让自己活得更有价值。

这样，就绝对不能轻易放弃自己。前进，再前进，是你唯一要对自己说的话。

做到了，你存在的意义自然会获得更多人肯定。做不到，直至暮年，你都将不断叹息“垂垂暮矣”，可是已无力回天。

所以，为了不悲叹，我将拾起自己，再次出发。你呢?

在预设的未来里，愿你不需要迷茫

每个人的时间都是有限的，看得越远，就越有效率，也才越有时间去享受当下。

以前上学时，每天就那么固定的几节课，上完了就走。不是不愿珍惜时间多看两眼书，而是你还在那里是碍事，过10分钟下拨学生就要来了。

久而久之，课余时间多了，且又不常在教学楼上自习，不经意间养成了懒散的毛病，直到参加工作。

现在年轻人找工作，尤其是女孩子，多首选“稳定”，挣多挣少是次要，关键要每月有固定收入，安心。

不过我喜欢找刺激。玩的就是心跳。

于是我进了一个私企。进去之后才知道，这里给每个人安排的工作量不是满载，而是超额，就是传说中的超负荷运转。

在这里，我确实天天体验心跳。

心跳加速。

不过时间长了之后，我发现部门经理每天在下班之前总是会吃俩水果，嚼会儿坚果。而且不是忙里偷闲，而是优哉游哉。

心中不免无限羡慕。

在集团，我负责对内业务部分，主要对接下属子公司同岗位人员。一次，集团要在全公司范围内组织一场活动，很不凑巧，组织者正是我。写好活动通知，签好字，复印，最后邮寄通知。

100多个信封，我需要将通知折叠，塞入，再封口。

那天我简直要疯了。

封口时，因为是普通信封，舌头处没有一撕就可以粘上的不干胶，只能拿胶水一点点抹。

离下班还有两个小时，我一封封抹，一封封粘。我觉得今天肯定要加班了。

就在我埋头苦干的时候，经理嚼着樱桃扭头对我说："我看了你半天了，这么干下去你想干到明天吗？"

在我们公司，虽然给每个人安排的事情比较多，但是因为每人都各负责一整块业务，基本上员工之间在工作上并没有交叉现象，所以同事之间的恶性竞争不太常见。我知道，经理的话中并没有看热闹的嫌疑。

"你把信封反过来，舌头都摆在一边，一个挨一个排好，几个一组，一起刷。"

我恍然大悟。

刷单个信封舌头时，的确感觉需要非常小心，很容易就刷出界。而以组为单位刷胶水，不但不用担心刷过，而且省去了许多不必要的动作，效率自然提升了很多。而有了效率，工作时间也就减少了。

同样是粘信封这样一件小事，我看到的是100多个单独的信封，而经理眼中则是由100多个个体组成的整体。

有些时候你会看到很多人每天都是忙忙碌碌的，或许他的确有很多事情要做，但是真的有必要把自己整成一副焦头烂额的样子吗？

如果从长远出发，站在一个高处俯视自己的工作，给每天制订一个可行的计划，完全可以做到有条不紊。

或许你会说，多年后的自己，我看不到。是的，每个人都无法穿越时光预知哪怕明天的自己，但是，好在还有“梦想”一词存在。

预想一下某些年之后的生活愿景，即使不太具体也无所谓，只要确定你将在哪里做着什么样的工作或过着什么样的生活即可。奔着这一目标，每一年、每一月、每一日，你将前进几步，到达怎样一个层次、境界。将它们设计成一级级的台阶。

在以后的日子里，你只须埋头、抬脚、迈台阶即可。

预设的未来里，你不需迷茫。

没有了焦虑，就有了闲情逸致；没有了紧张，就有了充裕时间；没有了抱怨，就有了享受生活。

高瞻远瞩的时候，实际上，你已经给自己攒下了享受当下的资格。

希望在以后的日子里，你也能有时间、有心情、有资格悠然地嚼樱桃。

你唯一不能委屈的，就是自己

谁都可以否定你，但唯有你自己，一定要坚定地为自己加油打气。

如果你遗弃自己，那么将再无任何一个人有能力拯救你。

以前我一直在想一个问题：一旦迈出校门，男生间的友情与女生间的友情究竟有没有区别？

或许有吧。男生为了哥们儿的一个婚礼，可以驱车几百公里。说起来，那是我拜把子兄弟，不服啊？

女生间能存留多少这种激情呢？大多数的友情都随着嫁夫随夫，渐行渐远了。

再次相拥，是需要机缘巧合的。

我与M即如此。M出校门早，已在社会打拼了很多年，这个城市与她已有了些默契存在。初来乍到，或许也是想要寻找些温暖，我与M又接续起了穿同一条裤子的“孽缘”。

其实，说我要寻求温暖，一点也没说谎。初入社会的不适感，刚来陌生城市的孤独感，履职期间的委屈感，有时共同发酵，最终酿成了一瓶苦酒，在我心头摇晃，在苦汁四溢之前，我需要及时倾倒。

M正是最好的选择。我一次次死皮赖脸去蹭饭，她转到哪里我跟到哪里，她的动作不停，我嘴不停，她动作停下来，我嘴照样不停。总之，不论她听或不听，我都在不住地向外倾倒苦水。

M脾气很好，从来不打断我的话，还总是说很多话，举各种例子来宽慰我，即使我总是滔滔不绝。

现在想来，曾经的我真的好像一个怨妇，悲伤那么多，怨气那么泛滥，今天刚倒完苦水，明天、后天就又能灌满一整瓶。

不过，情绪总是有个终点的，就像再能絮叨的故事也终究会有完结的一天。

那天晚上，M在听完我的叙述后，很少有的，她对我说起了自己的过往。

M刚工作两年后，做了个手术，从此常年依赖药物，且仅此一种，别无任何可代替药物。

初入职场的M受了很多委屈。因为是面对人的工作，每天要接触大量客户，可是客户的素质参差不齐。同样的语速、口音，有些人嫌快，有些人表示听不懂，这都没有关系，大不了减慢语速、重新一字一顿说清楚即可。但是其中一些人不知是脾气本就很臭，还是故意拿小姑娘撒气，谩骂脱口而出。

照M的脾气，硬碰硬不可能，但是嘀咕一句或是瞥一眼还是会的。但是，入职培训时，老师说了，客户就是上帝，饭碗是客户给的。

这两句就足够了。

于是，M一次次忍了下来，对方骂，她却依旧笑着询问对方的需求。

一次、两次，许多次下来，终于她躺在了手术台上。

可是日子还是要过下去，工作还是要继续。

不过M却想通了，在休养过后，她决心将此前的坏情绪永远抛走，就像体内被取出的东西一样，让它们永远地离开自己。

于是，M不再自己跟自己闹别扭，她不再忍，不过也不顶撞客户，她权当自己什么都没有听到。她不再硬挤笑容，而是时时亮出职业化的六颗牙齿。

刚才客户有骂骂咧咧吗？谁知道呢。

负面情绪一再累积，对对方有利吗？对方才不理会呢。那对你自己有好处吗？别傻了，会病变的。

既然减号不好，那就变成加号好了。

在心情的等式里，加号的另一端，是良好的心态。

一个良好的心态，更多的并不是让你做给别人看，最终的、最为重要的受益人并不是任何一个看你笑脸、感受你活跃心灵的人，而是你自己。

当你心态变好后，你会发现，天更蓝，水更清，草更绿。纵然事实或许并不如此，但是，你会懂得欣赏美，发现美，感受快乐。

一颗快乐鲜红的心，与一颗浸润在苦涩中的心，孰好孰坏，哪个招人喜爱，哪个惹人厌弃，自不必再多言。

那曾经心中的一壶壶黑色的苦水，你将何时去做净化处理，排污去浊呢？

切记，它清澈了，能量就不再亏损，减号才会变成加号。

只有在一件事上坚持很久，你才会很牛

一件事情坚持久了，方会看出成效。

初中时我喜欢上了一个男生，成绩一般，相貌一般，但是他给人的感觉很是清爽。近身时，会闻到一股淡淡的薄荷味。然而当时的我胆子小，而且还是比较纯真的，所以停留在了远观层面。

再见时，是大一寒假的同学聚会。虽然已不再心动，可是一开口，依然让我如沐春风。我们信口闲聊，八卦男女朋友，叨咕学校的奇葩故事，胡扯当时新出的电子产品。总之，天南海北地扯，却在“拜拜”后惊觉竟然没有留下对方的联系方式。

那时网上各种校友录性质的网站其实很多，我们却一直未加对方为好友。或许这确是冥冥之中的一种安排吧。

上个周末去百货商场闲逛。人头攒动。然而，人来人往间，远远地，我还是一眼就看到了他。

信步走上前去。我承认，我怀念那股亲切的薄荷香味。

可是消失了，取而代之的是股浓重的烟草味。

“你怎么在这里闲逛？定居市里了？”我知道他老家在县城。

“嗯，之前买了套房子。过来采购点日用品。”

“不错啊，这是在哪高就了？看来收入不错。”

他苦笑：“马马虎虎吧，我转行做销售了。”

我很诧异：“不是学的经济吗，怎么干起了这行？”

原来，他真正的对口行当是国际贸易，俗称进出口。表面上很风光的一个行业，实际上也是赚钱非常多的一个工种。然而，条件就是必须去大城市，没有空港，也要有水路，再不然就是内陆边界地区。可是不论去哪，都要远离家乡，远离独自抚养他长大的母亲。

他说，他舍不得让操劳了一辈子的母亲再跟他去漂泊，于是投身了销售领域。

要说当销售比做进出口好，那是自欺欺人。但是还算过得去。时间长了，资历老了，有些基本上算是坐享其成的单子就可以到他手里，再加上腿脚勤快，能言善道，每月的收入在店内也能排在前列。

可是当你知道你明明可以过得更好时，不论现在怎样，你将注定失落。

“梦想与现实是有差距的。”这是临别前他留下的一句叹息。

然而我却不以为然。如果以前一穷二白时，母亲跟着你是漂泊，那么在有了一定积蓄后，难道还依旧是漂泊吗？

借口，有时会变身为一袭华美的长袍，卷盖在不行动的身上。

那声沉重的叹息、飘散不开的烟味，诉说着的，是浓浓的悔意。

今天你因为种种原因偏转了航向，明天再因为后悔，费力调整回来。这个过程看起来好像没什么，但是拐弯时候耗费的时间、精力却是无法弥补的。

就像是对打游戏中的蓄力槽。当你每用一记大招，都要先等槽满。游戏中，人物只要不被打倒，槽就会无限次被匀速充满。

但是，人不是机器，满腔的力气用光后，失望之中，你将如何再次顺利攒足一槽精气神呢？

或许你会说，我之前的行业并不好，转变方向可能还有美好未来，不转只能平庸一世。可是啊，隔行如隔山，你看到了另一些人的光鲜之处，你却没有看到他为之流下的汗水，甚至是泪水。

成年人往往会患上选择性失忆症。他们一边教育孩子要脚踏实地，不要这山望着那山高，一边又纵容自己犯同样的错误。

每一行中都有自己的状元。然而状元的养成需要持之以恒，需要百折不挠，需要你坚定你的航向。

02

TWO

在这个忙碌的世界里，慢点走

心跳加速，步履匆匆，神情慌张。如此，预定的成功就能早一秒抵达你身边吗？只怕与你渐行渐远吧。

放轻松，深呼一口气，淡然地面对花开花谢、云卷云舒。

一切早已注定。是你的，跑不掉；不是你的，莫强求。

在这个忙碌的世界里，不慌不忙地活着

千山鸟飞绝，万径人踪灭。——柳宗元

此番寂静，怕是在当下难以寻觅了吧。

A君要结婚了。同办公室的人几乎都被邀请到了，不过只告诉他们婚礼当天的酒店及时间，也就是说，结婚前一天下午的布置等活动与他们无缘。但是他对面工位的B君可是他的同事兼“基友”，而他旁边工位的我可是他的同事兼“损友”，我们俩自然不能按照普通人的标准对待，于是，我们不请自来地在结婚前的那天下午就到他家帮忙去了。

说起来是帮忙，其实就是瞎凑热闹。别人或许还真的是在贴拉花、吹气球、做晚餐，反正我是专职看热闹、看电视、吃零食。从头到尾，基本上我就没离开过沙发，做得最多的动作就是左右晃身再加摆手，然后很厌烦地冲站在前面的人说一句：“哎，那谁，往边上闪闪，挡我看电视了。”

于是，那天直到晚餐开始，我都很遭人嫌弃。但是厚颜无耻的我依旧大大方方地落座餐桌，抄起家伙来就开餐。

酒足饭饱，装饰结束。很闲，所以我们就开始搓麻。开始时，大家兴致还是很高的，又嚷又叫的，桌上4人打麻将，旁边站着里三层外三层的人指手画脚。

然而，随着时间向半夜延伸，几声电话叫走三两人，几杯酒精放倒三两人，几声肚子叫赶走三两人。渐渐地，刚才还热闹非凡的麻将桌已变得冷清孤寂。最开始的集中扎堆现象已被各自称王、各占一个山头的形势所代替。

我躺在沙发上百无聊赖地划拉手机，B君在一旁边喝啤酒，边吃花生豆，边静静地看电视中转播的足球赛。

屋中比较静。所以，分别缩在几个角落里打电话的声音隐隐约约都能听到，虽然他们站的角度已几近于与墙角融为一体。

各种阴阳怪气的腔调此起彼伏，哄媳妇、唱儿歌、讲笑话，种类繁多，应有尽有。本已有些困顿的我，愣是被逗笑到精神抖擞。

仰头看了一眼B君，还是那么一张脸盯着屏幕中的球转。“哎，说你呢，那个看球的。怎么也不去打个电话给你小女友啊，也安慰安慰呗，在这孤寂的夜晚里，舍得扔下人家一个人吗？”

“舍得，因为压根就没有那个人。”

“呦，为什么呀？我猜就是因为你没事总是跟A‘搞基’去了。你说‘搞搞基’也就算了，可以纯当娱乐嘛，正事也不能忘了呀。看见了吧，人家明天就可以抱媳妇去了，你呢？从明天开始连‘基’都搞不成了。”

“你脑子里就只有这些乌七八糟的东西。”

“就好这口，怎么的吧？采访一下，你最爱的人明天就要拥别人入怀了，心情如何？”

听后，B瞪了我一眼，悠悠地开口："心情超爽啊，我又恢复单身了。从明天开始，我想吃辣的绝不吃咸的，想玩游戏绝不看电视，我又自由了。"

"不想赶紧找一个？"

B略抬头用下巴朝屋中环指了一圈："让我像他们一样，成妻奴、孩奴？我傻呀？"

"为什么呢？怕人家女孩拒绝你？话说你怎么也不买房子呢？"

"都说了不想成妻奴、孩奴了，就说明我一点也不想当奴，房奴不是奴啊？"

"你都这么大了，咋一点也不着急呢？"

"着什么急，这样优哉游哉地过日子不好吗？我不想逼生活，生活也别妄图逼我。"

说罢，B又聚精会神地看足球去了。第二天折腾完一早晨外加一上午，终于落座后，我闲来无事问了两句昨天球赛怎么样，B听后哇啦哇啦就开始向我各种讲述。听着听着，我忽然觉得，B昨晚过得也挺值的，虽然孤单寂寞冷地一个人看电视，但是好歹也没浪费时间，或许这样比哄了大半夜媳妇，媳妇还是不依不饶来得更有收获些吧。

行走在车马喧嚣的城市中，你是否已经忘记沉静曾为何意？

你说你要为生活去奔波，为明天去打拼，为活着去忙碌。我无言以对。可是，常年脚不沾地的你修炼成轻功了吗？忙忙碌碌的你实现全部的愿望了吗？为每一个明天焦虑不堪的你真正获得快乐了吗？

现实和理想固然重要，但是如若因此而将自己折磨成了一副焦虑不已的样貌，却分分钟有种竭泽而渔的荒谬感充斥其中。

试问，被焦虑、忧虑、烦心不断消耗精力的你，能支撑到何时？倒下去后，你将失去一切。

前功尽弃。

你要明白什么叫作“放长线钓大鱼”。将自己的节奏放慢下来，不是停滞不前，而是给自己充分休整的机会，享受生活的同时，伺机而动。

是你的，终究跑不了，不是你的，也莫强求。你焦虑着、狂躁着、慌忙着，可能到头来一无所获，还任凭大把美好光阴悄然而逝，真不知你是珍惜它，还是浪费它。

站在世界的中央，你大可以沏上一杯清茶，看着这焦虑的世界匆匆流转，不慌不忙地啜饮，品尝沁润心肺的清香。

该来的总会来。

 你有你的节奏，不要总担心来不及

人生何必太匆匆。

接受人生第一份工作时，我有相当长的一段试用期。虽然单位也没有明文规定，在试用期内不允许迟到，一经发现就怎样怎样。但是，毕竟是处于试用期，如果不好好表现的话，万一没有以后了，可怎么办。

此外，再加上我初来乍到，独自一人来到这座陌生的城市，难免有些许的陌生感、惆怅感、晕眩感。轻微的失眠总是在所难免的。

所以，最开始时，我总是很早就能起床，吃早饭，出家门，赶公交。

这里的公交还是很准时的。7点40分，或上下浮动一两分钟，总会有一辆公交车到站。晃晃悠悠，停车下站，再步行一刻钟。到了单位时间向来尚早，稀稀拉拉往往只有几个同事到了，而我们办公室，更是天天我去开门。

然而，即便如此，每天在路上时，我依然感觉危机感遍布全身。因为领导向来是开车来上班，虽然一般来讲都是卡在上班的时刻才到，但是有时或许是由于上了些岁数，睡觉比较少，或许是因为工作比较多，不定哪天，他到的时候是比较早的。

基于想给领导一个好印象的心理，每天早晨我总是心慌慌地向着公司奔。等好不容易连喘带咳地到了单位，还得小心翼翼地窥探一下领导办公室有没有动静，最后才是忙不停地抚平我那颗狂跳不止的小心脏。可是安抚过程总是出乎预料地长，往往都是别人都已经进入工作状态了，我还是在那里心慌慌。

一天天在忙碌中度过，渐渐地我也就忘记了数日子，直到一天，人力资源部主动通知我，之前的试用期考试我合格了，领导已经在文件上签字。即日起，我就是一名正式员工了。

不知是由于成了正式员工，心里踏实了，还是因为终于适应了这座城市的生活方式。总之，随后我发现，每天早晨我与床越来越难舍难分了。

终于有一天，闹铃响后，我心想“就再眯5分钟”，结果竟然睡过去了，再睁眼，已经比平时晚了半小时。赶忙收拾，狂奔出家门。

我们单位基本上对着装没有太多的要求，但是一定要穿着正式些、职业化，所以一般来讲，女性都选择脚蹬高跟鞋。

听着自己的小心脏猛烈地跳着迪斯科，我呼哧呼哧地深一脚浅一脚用鞋跟跺着地面，嘴中一遍遍嘟囔着“绝对赶不上了”。

一句话说多了，即便是谎言，自己也会相信了。

于是我停了下来。既然已经确定会晚了，我还着什么急。晚一分钟也是晚，晚一个小时也是晚，扣工资已经成为事实，还挣扎什么呢。再说了，我也晚不了一个小时啊。

所以，我坦然地朝站牌走去，悠然地上车下车，怡然地进公司走向打卡机，却赫然发现，竟然还有两分钟才到点。

我竟然没有迟到。

而且更重要的是，落座后，我根本不需要为了平复心跳而再浪费时间，收起背包，马上投入工作，一点也没有问题。

意外地，我发现，当你不急、不慌、不忐忑时，你实际上更有效率。

当你奔波在路上时，你实际上已经在不断缩小与目标之间的距离了。如此，你有什么好慌乱的呢?

“我来不及了。”嘴里说着，你以为你是无意的，你以为这样可以催促你加快速度，但是实际上却对你造成了严重的心理负担。惶惶然，你将无法静心。心不静，又如何漂亮地应对工作、生活。

既已在路上，就放宽心。事情再麻烦，终有解决的渠道；领导再难伺候，也会有温柔的一面；路途再远，总会有到达的那一刻。

不要总担心来不及。

踩在你脚下的每一步，分明是在提醒你前进的节奏。

且将担忧咽回肚中。因为，完全没有必要。

亲爱的，一切都会好起来

老辈人经常说：“有钱多花，没钱少花。”可是，如果不得不花呢？

对于朋友，我喜欢有自知之明、独立自主的那类。有事没事只知道占用你时间，拉着你八卦，还不给你误工费的那种，我是深恶痛绝的。所以，随着年龄的增长，当别人三五成群、团团围坐、张家长李家短时，我只约上一两好友，小坐片刻，交流心得。说来惭愧，号召力如此之小，只因经过我的筛选、他人的厌弃，我就只剩下这一小撮至交了。

金鱼就是其中一个，与我交往了近15年的至交。

我与金鱼同在一座城市里打拼，而且住得也比较近，但是，一般我们之间的相处模式就是，彼此轻易不打扰，一旦打扰则必有原因。既然是至交，我们也向来不客气，只要考虑是对方能够办到的事、能够帮忙解开的疙瘩，经对方拉一把就能渡过的难关，往往毫不犹豫就会一通电话打过去，死皮赖脸摆困难、讲道理、求帮忙。不过一般这也就是走个过场，即使互相之间没有那么多废话，也会倾囊相助。

话说，最近有两三个月好像都没有接到邀请去金鱼家蹭吃蹭喝了，鉴于天气比较热，需要进食水果，补充各种维生素，临近下班时，我微信金鱼："今天去你那里吃饭，我要喝粥，我要吃肉，我要吃水果，葡萄、荔枝、芒果，通通都要。"过了一个小时，手机提示音响起："已买好水果，正往回爬，速来洗。"

关电脑，投奔金鱼。细想来，我为了这顿饭竟然加了一个小时的班，简直不能更勤快了。

晃晃悠悠赶到了金鱼家，我以为饭菜已全部做好，没承想竟然还没下锅翻炒。本还想埋怨金鱼两句，不过看她正在打电话，我只得乖乖去厨房，一边开水龙头冲葡萄，一边剥荔枝，就着水龙头的哗哗声，啃水果吃。

可是，这一吃竟然就差点吃饱，就这样都愣是没把金鱼盼回来。

在我几近于绝望时，她终于回来了，我很不满意地大声嚷嚷："你干吗去了，不知道我都快等疯了吗？我可没兴趣吃水果吃到撑。"

"你倒是想呢，你知道这些多贵吗？给我吐出来。"

"呦，你还在乎这点？明明赚那么多，还没让你养我呢，偷着乐去吧。"

"少来，我现在资金相当紧张。没见我刚接那么久电话吗？"

"谁打来的？"

"我妈，跟我叨咕钱呢。"

"咋的啦？"

“不知道了吧？姐最近也成房奴了。而且姐马上又要晋升为房奴加车奴了。”

“究竟咋回事？”

“我觉得都这岁数了，一直就这么租房，而且还是合租，也不是个事儿，所以就盘算着买了套小面积的房子。结果付了房子的首付以后，数着没两个子儿的余额，觉得该吃泡面过日子了吧，结果前两天去验车，人家告诉我，车快到报废期了，明年年检就不好说了，尾气啥的有点悬。于是，我就又准备要换辆车。哈哈，所以呀，告诉你个好消息，我以后连泡面都吃不成了。这是你能来我这里吃的最后一顿饭了，以后你要养我。”

“那你怎么不跟我借钱呢？”

“就你？先把上个月借我的钱还我再说。”

听后，我乖乖闭嘴了。那天晚上，我们很严肃地为今后的日子做了规划，甚至细化到了每天的早午晚饭标准都有开列出来。看着纸上慢慢划拉开的数字、公式，我与金鱼接连叹了好几口气。

随后，相视一笑，好在金鱼还有固定资产，好在我还有金鱼，好在我们按部就班实行后，在不久的将来我们会重新谱写美好生活的乐章，让它重新变成一支悦耳的歌。

日子就像一条长河。你不能妄图让它波涛汹涌，否则下一秒就会有决堤的危险；你也不能企冀它静止不动，否则要么它变成一池臭水，要么它会直接干涸。涓涓流淌，是种最为理想的状态。

生活少不了悉心的规划。一团看似杂乱无章的毛线，终究会有线头藏匿其中，找到它，捋顺它，团起它，当你最终手握一个实心圆球时，你会获得一种轻松、整洁的快感。

只要你有计划，只要你按计划行事，只要你坚持不懈，再纷杂的生活也会变得井井有条。

“出来混迟早是要还的。”单独审视这句话，很让人沮丧。且不说怎样还，就是其中流露出的无奈情绪就足以让人黯然神伤。可是，被失望左右的你，却忽视了话语中透露出的“然后”：

还完后，一切都会好起来的。

压力，促使你前进；希望，为你指引方向。

其实，人生并没有那么沉重，一切的悲哀，更多的是叹息留给你的启示。毕竟，再黑的夜，终会迎来破晓。

收起一份份哀叹吧，因为，一切都会好起来的。

一个人过日子，也很好

一个人的寂寞不可怕，难过的是两个人的孤单。

果果，我的上一任男友，不高大，不威猛，不帅，不酷，工资一般，职位一般。简言之，普通人一个。

可是，当初不知道哪根弦串线了，反正我和他“勾搭”上了。

实际上，我们俩都是普通人，所以我们的约会也很普通，而且往往围着吃转。

前前后后，约过很多次会，但几乎每次都是去饭店吃饭，去公园吃零食，去河边吃冰激凌。而且，每次套路都一样：他说我听。

细想下来，我们能够在一起，或许就是因为他能说，我喜欢听。我们正巧互补。

我是个不善言辞的人。说话，是我不喜欢，也不擅长干的事情。当有交谈时，我更愿意当一个倾听者。

所以，那时的我曾自以为是地想："或许果果是最适合我的那一个。我善听，他善说。这不正好互补嘛，而且也能避免以后两个闷葫芦在一起，互相煎熬。"

我已记不起每次见面时，是他约我还是我叫他。不过，场景、内容我倒是都记得。因为，几乎次次都是千篇一律，换汤不换药。

落座点餐后，果果会习惯性地推推眼镜："毕业出来赚钱后我才知道原来钱这么不好挣。"

"怎么说呢？"一个问句，我就又将话语权交给了果果。

"以前我家有个小超市，我有时候会过去帮着收收钱，尤其是放假的时候我更是经常去。一开始觉得还挺好玩的，等一个动作重复好几十次之后我就烦了，而且那个时候我还是有点商业头脑的，干活从来都不白干，觉得无聊了，就自己输密码，弹开收银机，从里面拿点钱出来买玩具、买好玩的东西去了。”

“原来你还有这么贼的小时候啊。”

“那肯定的，不能亏了自己啊，而且那时候我还经常跟我姐在一起玩，不能在气势上输了。你不知道，我姐他们家是干部家庭，一直到现在都老牛 × 了。上次，我跟我姐出来办事，她推着车子，在路口拐角那儿，一辆车没看着她，把她的车子碰倒了，不过当时我姐是在内侧，所以她没事。本来想对方道个歉就得了，结果没承想对方还挺横，我姐立马腰一叉，眼一瞪，冲他嚷嚷：‘知道我们家是干什么的吗？你不就开个破车吗？我们家好几年前用的车就比你的档次高出一大截去。’那人也是势利眼，看我姐推个自行车就欺负她，要是真把我姑父的名号说出来，吓不死他！”

菜上来了，我吃着，“嗯嗯”应着，心里想：“你以为我不知道这些？其实我都知道。因为你已经说过很多遍了。”

吹牛皮这种行为，如果是平时遇到、听到的话，我会笑笑自动略过，毕竟彼此又不是朋友，由此时的一席牛皮我已将你拉入黑名单，也就意味着没有下次的再见面，那么我也就没必要感觉别扭或是上心了。

但是对果果我却没有办法不上心。好歹当时他也是我男友。吹一次牛皮，我忍了，吹两次，我也一笑而过了，可是吹三次、四次牛皮，而且还是同一内容，我就受不了了。更何况，相较于狂吹牛皮，我更欣赏低调。

真正的牛皮，不需要吹。货真价实的东西，不管宣不宣传，它自会熠熠生辉。

终于，我在第N次约会中的敷衍式的“嗯嗯”被他明白了其中的意思。

我们很自然地分手了。

曾经不谙世事的我以为，两个人能够搭伙过日子，是需要互补的。如同拼图一样，你有一个豁口，缺少一块，而我体积庞大，多了一块。正好镶嵌在一起，严丝合缝，组成一个密不可分的整体。

可是后来我才知道，这种组合模式，把握不好就会成为彼此的狗皮膏药。贴上了，就如同一个累赘一样。

道不同不相为谋。价值观相左，不值得共处。

与其两人凑合着相互嫌弃，倒不如放手给彼此一个自由。

遇不到那个最好的，还是一个人看日出、赏夕阳为妙。毕竟，还有无价的自由陪伴着你。

告别了果果，耳根再次回归清净。周围环境又安静了，所听到的话语再次变得低调。心中不免有些欣喜。

一个人吹着清淡的微风，我笑了。

岁月，依旧，静，好。

 你不要光长年龄，不长经验

学海无涯，前路漫漫，虚心进步，方能遇到更美好的自己。

回想近些年自己最为坚持的一件事情，或许就是改变：游走于不同的单位甚至不同的行业，直至进入了车行，才稍微安定了些。而之所以选择这里，除了因为实用，更多的则是兴趣使然，或者说是求知欲的驱使。

在未进入这个领域之前，我对它实际上是一知半解的，而且更可怕的是，有些我此前一直坚信不疑的东西，到了这

里，理解之后，我才发现以前的自己竟是那么无知。

每一天我都在不停刷新自己的认知。这种犹如在饥渴时分灌冰饮的感觉，让我着迷，无法自拔。

然而，如此求知若渴的时间还是有成为过去式的时候。在这里工作了一段时间后，我不可抑制地又出现了不满足感，觉得能学的、可以学的都已经学得差不多了，于我而言，这里已经没有什么再值得挖掘的了。

就在这个节骨眼上，我接到了一通电话，是外地的一家新开业的店，专门为店内的一些员工申请考取动车证。

因为是车行，或者说是4S店，车辆排排站是司空见惯的事情。但是，没有卖出去的车，所有者是公司；卖出去的车，所有者是客户。总之，在店内的不论新车、旧车，全都不是你的车。所以，你无权动用。不过，试车也好，修车也罢，车不会自己上路，也不会自己进车间，总归还是需要员工来驾驶。于是，动车证就应运而生。实际上它与驾照类似，是公司承认你在必要时驾驶车辆的一个证明。

新开业店，要卖车，也要接待维修、保养车辆，申请考取动车证很正常，但是，却给我带来了一个很大的麻烦，或者说是很好的重新认识自我的机会。

接到申请后，我按照流程报领导审批，却被当场驳了回来，理由很充足：“我们本来就是卖豪车，每辆车都那么贵，还几乎是个人就想动车，这完全不合规，你去考虑一下人选，把最后筛选过后的人员名单报过来。”

听及此我就愣了，因为这样做明显就已经上升至决策层面，我以前没干过这事。可是领导既然已经发话，我只能干。

然而我却不知道该怎么干。仔细翻看名单，字我都认识，但是工种我都不知道是什么意思。于是我很自作聪明地想：“领导那样讲，肯定是嫌考的人多，把每个工种压缩至一两个人就可以了吧。”

想到做到，我很快就拟出了一张新的表格报给了领导。可没承想领导很严厉地批评道：“你图省事是吗？哪个岗位能考，哪个不能考，你不应该最清楚吗？重新去拟。”

之前这方面的文件，我确实看过，上面也明确写出了具有考试资格的一些岗位名称。但是，文件已经有些年头了，一些岗位名称发生了变化，还有一些是新添的岗位。我又不是人力资源部的，我根本就不知道岗位的权限职责。这样想着，我觉得很委屈，可是，没有找到下家的我还不想就此被炒鱿鱼，喝西北风去。

从领导办公室出来，我首先想到的求助对象就是同岗位的前辈，但是再一细想，发现根本没用，因为她也说不清楚，更确切地讲，她也不知道。于是，一个转身，我进了管理部的门，因为我曾听说，他们部门的经理是从基层一步步提上来的。

看到我进屋，一屋子人都有些纳闷，而当我对着经理说明了前因后果，表达了我想要了解一下各工种的职责后，满屋子人都换上了诧异的眼神。好在，经理还是见过世面的，也是了解领导脾气的，所以，将表单上的工种几乎是一个个地给我解释了一遍。

这绝对是一个浩大的工程，因为我进他们办公室时是下午刚上班，而出来时，还有一个小时下班。

在回办公室这一路上，我嘴中不停地嘀嘀咕咕。因为信息量实在是太大了，我必须捋清楚，然后再抓紧时间重新做一个表格报领导审批。

实际上，这是个非常得罪人的工作。对于新开业的店来讲，减少一个拥有动车证的人就意味着工作量的增加。但是对于公司来讲，将人数压至最低，才能最大限度地保证人、车安全。

说来我也很佩服自己，硬生生将最初申请的21人，减少到了最终的5人。报给领导后，他老人家还算是满意，不过竟又在此基础上删掉了一人。

签字、传达、下班。彼时已经比正常下班时间延后了一个小时。可是，走在披星戴月的回家路上，我竟有种满足的快感。

因为，我又重新发现了我的知识漏洞，我又重拾了学习的动力，我又体验到了久违的成长。

盲目自大，是你进步最大的阻力。

你必须承认，无论你已白发苍苍，还是步入了耄耋之年，于你而言，未知之物依旧浩瀚无边，遑论你还是一个毛头小伙。

走在成长路上，你自会发现不足之处；经由学习，你定能实现自我提升。不论是成长鞭策你学习，还是学习帮助你成长。这决然是一个良性循环，是一个你既欢迎又渴求的过程。

只有学习，才能助你摆脱无知；只有成长，才能助你蜕变成更美丽的自己。

拥有了长进，你才更有动力学习，同时，付出了不懈的努力，你自然会体会到成长的快乐。

成长与学习，相互依偎，共生共存。这是它们存在的方式，也是你不断攀登人生巅峰的形式。

一边学习，一边成长，何乐而不为？

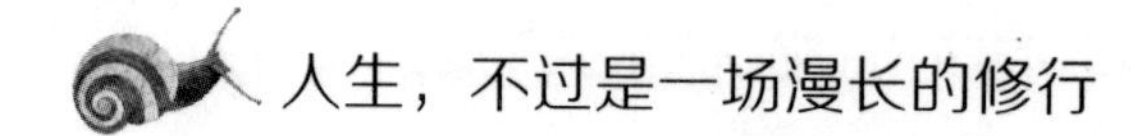

人生，不过是一场漫长的修行

前路漫漫，向前走的每一步只能算是拉近与终点间的距离，但彼岸仍遥不可及。

李姐为人很实在，也很豪爽。与她的相识，是因为朋友的牵线搭桥。结果没承想彼此倒成了挚友。缘分还真是说不准在什么时间、什么地点，以何种方式出现。

前两天下班后我与李姐相约共进晚餐，本来预计是吃过饭就各回各家，但是刚一出饭店门口，竟然下起了雷阵雨。

“旁边有个咖啡厅，去里面歇会儿等雨停呗，反正雷阵雨也下不长。”李姐如是建议。于是，我们一步一个水花向着目的地奔去。

咖啡厅不大，但是因为位置比较隐蔽，所以纵然下着雨，里面客人也并不是很多，伴着轻柔的音乐，我们手捧咖啡在落地窗前落座，看着密如珠帘的雨滴，有一搭没一搭地聊着。或许是湿热的空气扰得人心烦意乱，很罕见的，李姐竟然向我抱怨起了工作中的愤愤之事。

李姐做过两份工作，都是跑外联的，需要到各地与他人进行对接、沟通。第一份工作，单位总部在美国，中国分公司设在了一线城市，但是做的一些项目却往往需要往三线甚至四线城市跑，有时竟然还需要上山下乡，钻山沟沟。李姐勤勤恳恳，组织往哪里派，她就往哪里走。

不过，既然是到了下面，李姐自然也没有奢求能有多好的办公、住宿条件，但是往往到了之后，总是出乎李姐的预料。虽然硬件确实一般，然而还算干净利落，更关键的是，每每在谈事情或者有问题向当地的对接单位寻求解决方案时，对方总是在最短的时间内赶到，而且态度相当好，不仅客气而且很会讲话，说如沐春风自然是有些夸张，但是让人很顺心总是有的。

在这个单位工作了几年后，李姐结婚、生孩子了，因为担心孩子太小，没有人照顾，李姐毅然辞职自己带孩子。近年孩子刚大些，能送去幼儿园了，李姐这才又复出干老本行，不过之前的单位是不用想了，只能再另觅新坑。

第二个单位没有了之前单位那么霸气的背景，只能算是一个在二线城市混得还不错的公司。在这里，李姐负责的工作在大体上与之前那家公司一样，而且也是搞外联的，不过，所对接的单位层级有些变化：这次不是由上而下的对接，而是反过来，由下而上。

按照李姐的想法，不管对接单位的层级是不是比自己所在单位的高，但是因为我向你支付了佣金，我付钱，你办事，这是天经地义的。所以，最初李姐也没给自己做什么思想工作，还是保持着一张微笑的脸就过去商量事情了。可是在被冷漠地回绝了好几次后，李姐觉得事情不对了。

“我做了材料过去，让他们领导看一下。结果你猜怎样？他就只会说一句：‘你要按照我们的模式来，这样不合格。’我就问，你们什么模式，能不能给我个模板，可是他又磨磨叽叽地拿不出来。应该说他压根就没有。”李姐很激动地向我控诉对方的恶行。

“而且还有一次，我把资料拿过去了，但是进门卡忘记带了，我就给他们办公室打电话，让他们来个人下来取一下。他们在三楼，而且还有电梯，总共用不了两分钟的事，结果谁都不来，都说忙，让我明天再去送一趟，我去一趟可是来回要两个小时的。后来我没办法，就试着跟门口保安求情，让他放我进去，好在人家保安总是见我，也熟了，而且他那里也有我之前留下的信息，就让我进去了。不过最来气的是我进去之后看到的场景，他们之前口口声声说忙，实际上就是忙着嗑瓜子、聊天、上网。我当下就来气了，当着一屋子人的面，嚷了他们领导一通。”

“李姐，没看出来，你还有脾气这么火暴的一面呢？”

“没办法，我真是被气急了。你别说，这帮人真是欠欠的，以前我态度那么好，他们谁都不把我当回事，可是自打那次我冲他们发完火，我每次去了，从领导到下面的小兵，个个都主动冲我打招呼，笑脸相迎的，你说欠不欠。”

“李姐，你得说，你以前的单位，那叫一高大上。那个时候你到了山沟沟里，人家肯定是把你当成大城市来的、见过大世面的，必然各种捧，笑脸相迎是肯定的。可是你现在的工作就不一样了，现在反过来了。你去了，对接的单位就会觉得人家是高高在上的，你们单位是不值一提的。给钱了又能怎样？你级别低，就得听他们的。所以，这种时候越对他们态度好，他们就越蹬鼻子上脸。就得发发火，让他们知道你不是那么好欺负的。”

经验是不断累积的。可能以前你通过成功，明白了一些道理，但是，这往往是不可随意复制的。条件一旦变化，还傻乎乎地套用陈年旧事中获得的道理，往往后悔的只能还是你。

姜终究还是老的辣。因为，经过时间的累积，老姜不断沉淀智慧，不断吸收经验，不断根据现实情况进行纠偏，由此沉淀下来的味道，不是新手所能比拟的。

漫漫人生，你将遭遇众多坎坷，也将迎接一系列成功，你将不断地明白，在上一个事件中你所总结出的人生哲理，在应对下一个问题时是行不通的，所以，虽然觉得可惜，但也要及时做出修正。这并非对自己的否定，只是以此才能帮助自己更好地前行。

新人，就是要在这样的来回往复、不断颠簸、修行中慢慢实现成长，蜕变成一个老手。

终其一生，修行都会常伴左右。这不是你能够自主选择的，只要你渴望进步。

要知道，人生就是一场漫长的修行。如此，你才能成为自己的作料。

老姜，虽辣，却够味。

不要为了赶路，忽略了风景

路边的野花不要采。不过，看看总还是可以的，甚至是必要的。

妹妹多多又要去相亲了。临出门前，多多对我说："我只求一场恋爱而已，只要不再是奇葩，我就先从了。"

对于这种说辞，我无言以对。一方面，不以结婚为目的的恋爱，明明就是要流氓；另一方面，多多从未恋爱过，让她完成初恋暨工于心计的相亲式婚姻，又貌似太过可怜。

苦笑着，我目送往30狂奔的多多离开。

多多实在是个听话的孩子。大学之前，婶婶常常叮嘱多多要专心学习，不要早恋。多多每次都是很用心地听着，同时，也非常自律地做着。

初中时，听说有一阵关于多多跟同桌走得特别近的传闻在同学之间广为流传。心急如焚的婶婶特意去找班主任核实情况。说明来意后，班主任非常严肃地替多多表明了清白。听后，婶婶着实松了口气，回到家后，还逢人就夸："我们家多多就是听话，说什么就真听，真是让我省心。"

始料未及的是，多多认死理，一听就是十几年。

到了大学，婶婶明白女儿已经20了，差不多该学着谈恋爱了。于是，不管是电话中还是放假回家当面交流，明里暗里，总是劝说女儿看见合适的就赶紧下手。

可是婶婶却忽视了一个重要的问题：合适的不是你说让他来，他就立马连滚带爬地送上门来了。

晃悠着，多多到了大三下半学期，决心要考研了。也就在这个时候，那个"合适的"终于出现了。

多多因为不善争抢，当初没有在图书馆占到一个固定的自习座位，所以每天只能是背着一书包书到教学楼找自习室。时间久了，也就知道了每天哪个教室没人，再去久了，渐渐地也就找到了一个半属于自己的座位，每次一来，就直奔那个位置。

大概是一个周三的下午，多多坐定后没多久，教室门开了，走进来一个背着书包的高高瘦瘦的男生，巡视一圈后，在多多前面的位置落座了。

后来，多多跟我说，当那个男生在教室门口出现时，多多就已经感觉自己对他一见钟情了，后来没想到他竟然在自己前面落座，当时多多简直紧张得要死。

不过，多多终究没死。因为，下午到饭点时，男生就收拾书包走了。

多多心想："也不知道什么时候还能再见到他。"

还真别说，天公挺作美的。周五的时候在同一位置又见到了那个男生。同一时间，同一位置。多多感觉很知足。而且，之后几乎每周三、周五下午，多多都会在那个教室、那个位置遇到这个男生。

多多觉得很幸福，单单能够看到对方，就觉得非常满足了。但是婶婶与我等一干旁观者可是很心急，千方百计怂恿多多去表白。但是出乎我们意料的是，每次多多都是摆出一张一本正经的脸强调："我要专心考研，才不去谈什么恋爱呢。"

然后，就没有然后了。男生大概只是准备等级考试，很固定地上了一段时间的自习后，就消失了。应该是考试结束了吧。

这是奔三的多多在加入相亲大军前的唯一一次恋爱机会，却生生被她给浪费掉了。

倒不是说年岁稍大些不能谈恋爱，只是，虽然恋情如约而至，但是你却不能重返年少时期的心态。可能你也会感到甜蜜，但是，掺了沙子的糖终究是次品。

一头将猛子扎下去，朝目标狂奔，的确值得提倡，毕竟你投入了大量的时间、心血，即使最后失败了，你所获得的经验也好、一手素材也罢，都是满满且珍贵的。

但不知你有没有认真计算过因此而付出的代价究竟多

大？一帧帧风景你错过了；一场场温情你缺失了；一波波快乐你放弃了。不知不觉间，你已几近于一台为了赶路而赶路的机器。除了懂得隆隆作响，你已不懂得什么叫作人间温情。

风景之所以存在，自有其道理。假使如画，看过之后的你自会陶醉，心情也会为之一振，从而为你今后更好地前行提供充足的动力。而如若腌臜，相信你也定会从中总结出一些宝贵的人生哲理，以供日后借鉴，由此，提升了认知水平、培养了心智、走向了成熟。试问你又有何损失呢？

看着多多离开的背影，想起她这些陈年旧事，我深深地为她感到可惜。

然而，逝去的一切终究无法挽回。

只愿你能不再重蹈多多的覆辙，不要为了赶路，忽略了路上的风景。

 与其坐着忧心忡忡，不如出去走走停停

想得再多，不让情怀落地，到头来也只是庸人自扰罢了。

前阵子，听说朋友小小最近过得不太好，这让我有些诧异。

应该说，自打认识小小以来，她在我心中一向是“顺风顺水”一词的最好代言人。

我与小小相识在大学中，那时她就已经有了一个交往一年的老乡兼男友胡仔了。大学毕业后，两人同回家乡，男的

在当地一家公司找了份工作，虽然平时累些，但是挣得还可以。小小则进了体制内，每天过得相当轻松。工作一确定，两人顺理成章地结了婚，而且，前段时间又听说小小已喜升母亲，在家坐月子，同时享受超长产假。

可是，事情至此却有些走样了。

小小好像是不可抑制地朝产后抑郁方向发展了。自打生下孩子，小小就深深地怀疑这怎么会是自己的孩子。如果不是从她肚子里出来的，小小都恨不得带她去做亲子鉴定。大概是因为事先没有足够的心理准备，突然间冒出一个孩子，小小觉得很不可思议。再加上，从小到大没遭遇什么坎坷，小小的心理始终都是处于天真烂漫的状态。同时又是作为独女被家人从小宠到大，向来是要苹果不给梨。而现在突然间告诉她，你已经是妈妈了，不再是孩子了，不能任性，要有当母亲的责任感。小小做不到。

每天小小都在不停的思想斗争中艰难地煎熬着，一方面明白自己必须照顾这个小家伙，另一方面又怀疑自己、排斥孩子，不愿承担责任。

白天时，小小不愿给帮忙照顾孩子的母亲增添压力，总是默默地在一边胡思乱想。晚上，胡仔回来后，小小则像抓住救命稻草一样，对着胡仔以泪洗面。

手心手背都是肉，胡仔喜欢孩子，但是也心疼小小。思来想去，他决定带小小出去透透气。

出了月子，正是扬沙天气结束的时节，到处都是青青葱葱的样子。于是，胡仔将孩子拜托给岳母，给小小穿戴好，带着小小来到了县城的一座高山脚下。

鉴于小小体力还没有恢复完全，胡仔带着小小坐缆车到了半山腰，再顺势往上爬。

一般而言，缆车的终点往往设置的地方要偏高一些，否则也就不能满足坐缆车的游客想要省事的心理。然而，这座山偏不按常理出牌，主要是因为它的山道有一段比较奇特，如果用缆车将其错过，那么基本上可以说是门票钱白付了一半。

没有来之前，胡仔并没有告诉小小，所以，当这一幕突然间出现在小小面前时，小小当场就哭着指控胡仔："你是不是想要谋杀我？”

那是条玻璃栈道。下面是涓涓流淌的小溪，两侧是郁郁葱葱的山峦，头顶是啾啾作响的飞鸟，耳边吹拂的是湿湿凉凉的清风。

胡仔听后倒也没慌，应该是在打定主意带小小来这里之前就已经预料到了这一场景，便很淡然地扶起瘫坐在地上、鼻涕眼泪混作一团的小小，将其搀扶至一旁的长椅上安抚。

终归还是相恋多年，胡仔的性情、为人、对待小小的一颗真心，小小是心知肚明的，所以，发泄完情绪后，小小定了定神，还是站了起来，小心翼翼地抓着胡仔的胳膊朝栈道走去。

第一脚下去，摸摸索索，踩实了，看了看胡仔，得到了肯定的鼓励后，小小又往前迈出了第二脚。接下来，虽然缓慢，但还是一步步走了下去。

风景在向后移，栈道的终点越来越近。小小紧张得直愣愣的双眼慢慢地有些生动起来，偷瞄着周围的风景，最初的寻死觅活心理渐渐被抛诸脑后。等到达终点时，小小觉得好像心里有一座冰山崩塌了。

原来，所谓的困难也不过如此。有什么过不去的坎呢？有什么熬不过去的艰难呢？有什么不能接受的苦难呢？其实只是没有迈出那最初的一步。尝试一下，就会发现，也不过如此。

所以，最近朋友圈被小小再次刷屏，满满的都是她抱着孩子无限亲昵的照片，生怕大家不知道她很幸福。

你瞧，人生并没有那么多不可跨越的障碍。要知道，科学在不断发展，技术在不断提升，生活方式也在不断改善。如果真的存在那么多的不可能，那么进步的取得未免太过不切实际。

你所说的困难，往往源于你太过丰富的想象力。

杜撰出来的东西，太过缥缈，又太过玄虚，它脱离了实际，所以不可战胜或也是必然，但是它终究不是生活。

因此，你坐着展开玄想，必然要替古人担忧，替你自己发愁，可是，这完全是杞人忧天，不知你有没有这一自觉。

出去走走吧，你会发现现实比你想象的要好得多。况且，你的思维世界再五彩斑斓，终究只是幻想，而你，需要生活在现实中。

与其坐着担心，远不如出去走走看看，相信你会明白“海阔天空”是什么意思。

急功近利得不到最好的结果

有些路要一步步走，有些话要一字字说，有些事要一件件做。

心急吃不了热豆腐。

很多孩子在成长的路上都有一个共同的敌人——“别人家的孩子”。我也有，不过，我的敌人从大局上来讲，也不算是别人家的，而是我家的堂姐。

堂姐从小到大什么都比我好：比我高，比我漂亮，比我成绩好。反正处处都是我的榜样。以前我家出现的场景总是妈妈戳着我的脑门讲："你看看你堂姐。"

嗯，一直看着呢。

说来也奇怪，虽然堂姐一直以来都被家人作为楷模，对我展开各种鞭策，但是我对堂姐却讨厌不起来，还总是屁颠屁颠地往堂姐身上黏。

让人无法讨厌的强者，现在想来也挺可怕的。

作为一个佼佼者，堂姐走出校门就奔向了大城市，据说还活得风生水起。从小职员做起，一路高歌，爬到了公司中层，当领导去了。

之前过节，堂姐回来了，我理所当然地黏了她好长时间，各种逛街，各种吃喝，各种聊天。

估摸着看我涉世尚浅，生怕我上当受骗，身为一个有着多年摸爬滚打经验的社会人，堂姐给我补了几节社会课。其中大部分内容都被我和着甜品、快餐吞下去了，不过有一件事倒是让我一直念念不忘。

堂姐说，她之前有一段时间被外派到别的省做项目总监。

“总监”这个头衔风光与否暂且不论，薪水肯定比普通职员高出很多，更何况又是外派。到了当地，其他职员看到总部来的领导，自然不好问领导工资问题，更不能问，但是羡慕自然不用说。可是，其中有一个人发出的羡慕之音却有点不太一样。

刚开始，堂姐以为是自己多想了，也没太在意。可是，后来有一天，堂姐被叫到了副总办公室，很是被语重心长地教育了一番。真的是“语重心长”，因为副总拐来拐去，说了好多话，却让堂姐不明就里，好像在责备她，但是又不像。好不容易听到最后才明白，这次谈话的重点是：“要搞好群众团结工作。”

让人啼笑皆非的一次谈话，堂姐哼哈着出了副总办公室。

谈话可笑归可笑，内容可以不论，但是源头一定要追溯。

堂姐想到了之前那声特立独行的羡慕音。

后来经过多方打听和分析，堂姐才明白，原来，这个不和谐的羡慕音所有者C姐最近几年生活压力比较大。

之前项目总监是个比较憨厚的男人。不过，虽然他人憨厚，但是事情做得利索，业务也娴熟，所以声望还是很高的。

而C姐以前是比较不显山不露水的人，虽然资历老，不过业务一般。此外，谁也没想到的是，她实际是财务出身。后来迫于生活压力，C姐想用资历来上位。于是设了些财务方面的陷阱，硬是把憨厚男挤走了。

本以为项目总监的位置十拿九稳了，可没承想集团空降了堂姐过去。

不服是难免的，打小报告也是少不了的。不过，她却打错了算盘，堂姐可不是憨厚型，绝对不是。

堂姐跟我说，后来她对C姐处处提防，见招拆招。

当你让很多事情的真相在大庭广众之下呈现出来，一方面能够证明自己是无辜的，同时还能让大家知道某些人的险恶用心。

事情多了，C姐终于承受不住舆论的压力和大家的唾沫星子，辞职了。

堂姐说，C姐虽然不是很聪明，不过也是有脑子的，本来磨炼一下技术，提升提升业务，做不了总监，升个职也是可以的，以后再继续进步，做总监也不是没希望，但是她却非要用这种擦枪走火的方式。

害人之心不可有，防人之心不可无。这是老辈人传下来的话。既然传了这么多年，自然有它的道理存在。不遵行也就罢了，还想靠自己的才智，逆其道行之，窃取不属于自己的东西，以此挑战上千年流传的智慧，未免有不自量力之嫌。

人生在世，谁不想争得一个美好的人生。这是人之常情，可以理解。但是，有些时候，过程比结果更重要。脚踏实地，一步步朝着目标努力，不仅能让你靠近并得到目标，更能让你得到得安心、理所应当。

可是若过于急功近利，以至于无所不用其极，到头来毁灭的则只会是你自己。

鸡飞蛋打，用来形容这一情形，或许最为贴切。

也没准走个小道，选个捷径，也让你勉强到达了目的地。但是，深一脚浅一脚走过来的你，确定能永远站在顶峰吗？时间一长，缺点自然会暴露，到时也就离下课不远了。

最好的结果，并不等于要走最远的路程，但是一定要有最踏实的态度、最坚实的步伐、最良好的心态。

想要踏实地、确实地获取最好的功与利，急不得，近路也抄不得。

 简单说话，是一种伟大

简单不是单调，更不等同于寒酸。相反，它是一种大智慧。

记得高中时，一个同学跟我聊几何。聊到兴奋处，开始吹牛。不过好歹同窗已有两年，你我什么水平，大家都心知肚明。所以，他吹姐姐。

他说："姐姐可厉害了。我有不会的，人家拿过题来看看，顺手用笔在图上画根线，什么都不用说，立马就能让你明白。"

当时我心想，我就静静看着你在那儿嘚瑟。就一根线，能成什么大事。

可是没承想，在以后的日子里，尤其是步入社会后，自觉不自觉地，我也在追求那一根简简单单的线。

曾与一位姑娘搭档，共同负责组织过一场饭局。其中，一半是同事，一半是领导。

姑娘不是本地人，路不熟，人也不熟，所以前期找饭店之类的活儿由我来做，定好地点及时间后，她负责联络、通知各位参加饭局的人。

饭局当日。因为各位领导大部分都有车，或者都能搭上车，我嘱咐同事们尽快收拾东西，打车过去，千万别坐公交车。说完后，我和姑娘装上酒水就往饭店奔。

到了后，我猜想领导不会比我们晚到多少。于是，急忙布置餐具、餐椅，准备泡茶，顺便又告诉姑娘快去点餐。

过了一会儿，姑娘回来了，一脸如释重负样。

我一边继续热火朝天地布置椅子和餐具，一边问："怎么样？"我想听到一个结果，却没承想接下来听到了一堆菜名。我烦了。当时脑子里不仅装着人数，装着布局，还得想她说到第几个了，这个是凉菜还是热菜。

我很不客气地打断了她："分门别类告诉我总数就行了。"姑娘有点不太乐意了。

没多久，领导纷纷来了。将他们让进来后，我扭着脖子往后看了半天，同事们一个人影都没瞅见。

我告诉姑娘："你给他们打电话问问到哪了，让他们快点。我先去倒茶。"

倒了一圈，闲聊两句后，赶忙去找姑娘打听情况。

"隔壁屋那三个人嫌衣服不好看，下班后去更衣室换了件衣服。其中一个出门没检查好，连衣裙拉链坏了，又当场修。咱屋的男同胞本来以为好约车，没承想，下班点，没人接单，等了好半天。另外那几个新来的……"

我头快炸了。看着她横飞的口水，我的内心是崩溃的。我只想知道他们到哪了，大概还有多长时间才到。她就不能简单明了地说吗？

两点之间，直线最短。很浅显的一个道理，人人都懂。但是在实际生活中，为什么却只让这道理停留在书本间呢？

理论联系上实际，才不会成为纸上谈兵。

国画，作为绘画的一种，很明显的一个特点就是留白。一张画纸上，简简单单画上几只摆弄触须的虾，就完全能让你明白，它们是在水中慵懒游走。不管是碧绿的水，或是蓝天白云，都无须再多点染哪怕一笔。

简单，有时就是一种意境，一种高深的意境。

简单，可能表现为直奔主题，可能表现为简单勾勒，但无论是哪种，都是以言简意赅为特点，以清楚明白为效果。

虽然表面上，你我的沟通只用了三言两语，但是我们达到了预想效果：事情阐述清楚了，意思表达明白了。

生活大多数情况下都不是为了讲明两件事而拍的长达三四百集的电视剧，今天播放的两集你没有看，明天甚至后天看，完全能够衔接上，因为两天前他们围坐在一起吃饭，过了四五集之后，他们可能还在吃那顿饭。

无论你喜不喜欢，擅不擅长，简单都是最为便捷也是最被推崇的一种沟通方式。它让事情变得更加明了，让沟通变得更加高效，让你变得更加职业、睿智。

由繁入简，是一种能力，更是一种品质。伟大的品质，愿你我都拥有。

THREE

03

一　切　都　是

最　好　的　安　排

你要相信，一切都不是如你想象的那么糟糕。那注定发生的所有，仔细品味过后，会有余香绕心头。

存在不需要太多的理由

你以为你很聪明，但实际上，你仅仅是被上天摆弄在掌中的一颗棋子罢了。

大三时，我们学院新来了一位老师，博士学历，毕业于国内一所知名大学。

彼时的我已经决定要考研。当我得知我被分配到这位老师名下做毕业论文时，我觉得这冥冥之中是一种安排。

我决定报考老师毕业的那所大学，跟随老师的博导读研。

那所学校指定的参考书很多，有理论书也有实践指导书。因为毕竟是往高里考，我觉得谨慎一些很重要。于是，我一本一本地啃，尤其是理论书。

文科与理科有着非常大的区别。我记得历届高考作文题目中都有这样的一个要求："立意能够自圆其说"。如要简明概括文科的特点，这句话足矣。

所以，文科的理论书往往一个作者一个观点，一个学派一本书。

大学时为了能在期末考试时考高点分，我也是好好学习过课本的。但是，我当年学的是另一套教材，与这个学校的指定教材完全不同，甚至很多观点是相悖的。

没有对与错。于是我只能去背、去记。

东西越记越多，我也不知道到了考试时，我究竟是记住了多少。只是觉得，一些事件脉络、流派纷争，我好像比大学时更加清楚了一些。

是的，是"好像"清楚了。于是，我落榜了。

接下来，我认真想了想，我有多么热爱那所学校、多么热爱那位连名字都要多看两眼才能念出来的导师。

答案是否定的，我一点感情也没有。于是，我问自己究竟喜欢去哪所学校，师从哪位老师。确定了目标，我又进入了复习生活。

很不幸，这次又要重新换一套全新的专业课教材。

我耐下了性子又从头学起。可是，这次总感觉有点不一样。

这次的课本与之前相比，不仅内容上有变化，连编排上都不一样。以前的几个版本都是按类别分析，而这版是按照时间划分。

最一开始我很不适应，看这套教材意味着我要将之前脑中的一些固有思维全部打乱，再重新将每个知识点分别嵌入其所应属的位置。

我很不喜欢这种过程，生怕脑子越来越乱。历史本就纷繁复杂，我没有多大的把握能不迷失于其中。所以，我小心翼翼地对待每一个知识点，看到曾经熟悉的人物、事件出现，忙拿出之前用的三套教材对照着分析。

每天我的书桌都是被一堆摊开的书占据，因为我也不知道看到哪一页时我需要用到哪本书。如此穿插往复，复习进度自然慢了许多。

可是这套教材看完一遍后，我倒觉得清醒了许多：以前似懂非懂的地方，现在明白了；之前有些理不清、不知道具体发生在什么时间的事情，现在明白大概可以放到哪两个事件中间了。

原来，之前我虽然看得多，但是全都是横向的梳理，而这套书恰恰弥补了这种缺陷，以纵向来编写。之前彼此缠绕、让人毫无头绪的历史，就此在我心中清晰了起来。

毫无疑问，我以罕见的高分被录取。后来，同学之间熟了，有人问我："你当年怎么分数那么高？"我微笑："你看过那么多书后，你分数也会高。"

我曾经想过，大学时的那位老师出现的时间好巧，再早些或是再迟些，我都不会报考之前那所学校，那么我也不会有第一次的失利。可是，我会如愿考上第二次的学校吗？或许还是不会，因为我没有经历其间的磨难。

遭遇不顺心时，人们总是抱怨自己多么多么倒霉，可是这多是因为你将眼光局限在当下。而你若将眼光拉远些，你会明白今天的倒霉是为你明天的幸运准备的垫脚石。

你认为的不合理，仅仅是你认为。世间存在的万物都是历经上亿年淘汰下来的优秀品种，大自然是不会犯下无谓的错误的。

阑尾，许多人都说那是人体多余的一部分。可事实上，这个器官里藏有丰富的淋巴组织。而淋巴，有着重要的免疫功能，专门负责抵抗病菌。

肉眼凡胎，是《西游记》中贬低没有得道的唐僧的专用语。唐僧没有得道，你我得道了吗？

当你所不能理解的问题发生时，千万不要急于去否定它。它的出现如果于你不利，那很有可能是暂时的。你要相信，它绝不会无故存在，造物主肯定会在接下来的日子里告诉你，它于你的奥秘所在。

人的智慧有时在上天面前显得太过小儿科。我们不懂宇宙，不懂我们生活的星球，甚至连我们自身都不懂。可是，每个人身上却都有许多根无形的线，线的那一头，在上天那一端。任何事情的存在，都不需要理由。

妄自尊大，是最可笑的无知。

虚心向已经发生和存在的一切学习，方能将路走得更稳。

我庆幸所遭遇的一切挫折，它们让我成长；我暗喜所获得的所有成功，它们让我获得鼓励。

因为，所有的一切，存在即是合理的。

酸甜苦辣咸，每种味道都值得品尝

人生百味，不容你做任何挑选。实际上，你也无须挑选，每一味都有它的道理在其中。你或许不懂，但这并不意味着它不存在。

在人生这张答卷上，没有选答题，全部必答。当然，你可以选择跳答。不过，你答得越多，体验就越丰富，积淀也就越深厚。

堂弟的头像又成了离开状态，八成又去哄儿子了。侄子现在刚刚半岁，正是把人折腾得上蹿下跳的时候。不会说，不懂表达，只知道哭，还十有八九是又拉了。面对肮脏的尿不湿，弟妹嫌弃得要死，但是堂弟却常常边哼小曲，边说什么“拉得多，长大个儿”，简直让人无语。

看到这其乐融融的场景，那句藏了半年的话又让我给咽下去了：

堂弟你可还记得，小时候你跑出家门又被找回来时的哭声。你儿子哭的时候和当时你的声音简直像极了，都是那么声嘶力竭。

堂弟有个后妈。

在刚生下堂弟后没多久，堂弟的母亲就因为意外过世了。在堂弟不到一岁时，叔父又娶了一个女人。隔了一年，叔父的另一个儿子出生了。

堂弟从小就知道他口中的“妈妈”并不是他亲妈。因为这个妈妈总是会责骂他，会惩罚他，会上手揍他，但是对待弟弟却从来都是又抱又哄。

于是，堂弟不再调皮，尽力帮爸爸后妈照看弟弟，有好吃的先给弟弟吃，有好玩的也从来不跟弟弟抢。这一切并不是因为他不喜欢，而是不敢。

即便如此，后妈也从未给过他一个好脸色。

我记得那是个盛夏的傍晚，天已经彻底黑下来了，那天晚上吃过饭后爸妈就出去了，做完作业的我百无聊赖，还在看电视。一会儿，我的母亲拉着堂弟的后妈神色匆匆地跑了进来，直接冲进了卧室，反手就把门关上了。

我胆子很小，知道出事了，赶忙去关电视，往屋里走。在通往房间的路上，我隐隐约约地听到母亲的指责声："你干吗打他啊？这下好了，人跑了，大晚上的，这要真有个事怎么办。他当时往哪跑的？"

"我那不是生气嘛。他非偷吃东西。"

"那也不能拿扫帚打啊，你可以告诉他爸，让他爸说他。现在赶紧找人吧。你到底看没看见他朝哪个方向跑了？"

"好像是朝东边跑了。"

"那不是铁道那边吗？哎呀，赶紧去找人。快点。"

紧接着又看见她们俩慌慌张张跑出去。

后来快晚上11点的时候，母亲和父亲拉着堂弟回来了。

堂弟浑身脏兮兮的，脖子上还系着下午去上学时戴得歪歪的红领巾。

母亲坐下后问堂弟："你偷吃饼干了吗？"

"没有，那是弟弟吃剩下给我的。"

"那你也不能因为你妈打你就跑啊，还跑那么远，不知道灌木丛里虫子多吗？而且这是我们找到你了，要是找不到你，你再被坏人带跑了，那不急死我们吗？"

或许是听到有人竟然会为自己着急，或许是看到不会揍人的伯母，或许是看到有灯有亲人的家，刚才还噘着嘴的男孩"哇"的一声哭了出来。

透过门缝，我看到了堂弟流淌的泪水，满脸的委屈和无助的辛酸。

后来，我终于把我深藏许久的关于堂弟儿子哭声的话对堂弟说了。没想到，他竟然笑了。

他告诉我，正是从那以后，他明白了，他有两个母亲，真疼他的伯母和自己家中的后妈。而有了儿子后，才晓得，护犊子是人的一种本能。对于非己出的孩子，别说母亲，父亲都会或多或少有一种排斥感。后妈不是圣贤，所以也就难怪当时会有种种恶行。

所以，他不恨她。人生的五味，他都品尝过，才更懂得珍惜被爱的甜美。

一直很喜欢“副产品”这个词。把原料投入生产线，按预定计划出现的是“产品”，而偏离轨道出现的就是“副产品”。“副”有一种画蛇添足的味道在其中，更暗含一种赌博的意味。

可是无论赌局结果是好或坏，于你而言，是输或赢，在这条人生百味的生产线上，你在终端获得的绝不仅仅是固定的味道。

有人可能因为害怕赌输而拒绝品尝人生的多种滋味，可是你却很有可能由于一个错误的决定，放弃的是一种曼妙的人生体悟。

人生的迷人之处正是在于，你永远也不知道它下一秒会让什么事情发生在你身边，会给你带来何种体验。

但是，酸甜苦辣咸，这是一组词汇，体会全了，你才有资格说对人生有深切的体悟。由一种味道生发，体验的触须将由此沿着不同的方向不断伸展，个中细小差别将一一被你体味。

人生的大网就此张开、编结。

人生的每一味，绝无虚设；细细品尝，你都将有所体悟。如同堂弟，在悲剧性的味道中，他品尝出了爱；在喜剧性的味道中，他品尝出了原谅。人生阅历之网已越编越大。

但愿你也能不惧这赌博式的挑战，编结出属于你繁复人生的阅历大网。

用感恩的心面对自己的人生

谁的人生都不完美，可是正因为不完美，才更真实、可贵。

记得很久之前有条新闻说，某国科学家经过计算，得知光速并非最快。这意味着被信奉了几十年的爱因斯坦相对论竟是错误的。同时，这更意味着，人类可以回到过去。穿越时空将不再局限在科幻片中。

一石激起千层浪。各国科学家纷纷对计算过程进行验证，却发现无懈可击。

“光速并非最快，相对论并不正确，人类可以穿越时空。”或许这可以算是人类有史以来最为劲爆的发现之一。

然而仅仅劲爆了不到一个月。某国科学家自己跳出来澄清：小数点推错了。

呼——

不知为何，确信了回不到过去，竟如此安心。

这种心绪或许源于一部关于精灵的电视剧吧。

健很喜欢礼。非常、一直喜欢。然而这种心绪埋藏在健心头20多年。健以为没有礼，他也可以过得很开心。但当真正站在礼的婚礼上，看到了横亘在两人间的洁白婚桌，他发现他错了，他不能没有她。

看着充满回忆的学生时代照片，浓浓的悔恨情绪使他召唤出了时光精灵，将他送回过去。

在高中毕业的典礼上，女生们都争相向心仪的学长索要制服上的第二颗扣子。因为那颗扣子距离心脏最近。

健在面对前来索要扣子的腼腆学妹时，大方地一揪，送出了那唯一的扣子。礼得知后，伤心欲绝，在当时的毕业典礼照片上，不肯露出任何表情。

现在健回来了，摸着残留的针线头，他费尽周折要回了这颗有着特殊意义的扣子。

在校门口，追上了赶去拍照、噘嘴不悦的礼，将装有毕业证的纸筒扔给了她。本就生气的礼抬手就要往地上砸，却听到了纸筒中如石子般叮叮咚咚的声音。

打开伸手一接，竟是健衬衣上的第二颗扣子。

礼高兴了，在毕业照上露出了美丽的笑容。此时，精灵的响指一打，健却发现，礼依然是别人的新娘。

音乐响起，本集结束。其实，至此，我很喜欢。人生本就没有那么多皆大欢喜。可是一同看剧的朋友却很多嘴，硬是画蛇添足地告诉我，健后来又多次重返过去，一张张修改照片中礼的表情，最终抱得美人归。

人生是多姿多彩的，有时它冷酷、无情，有时又温柔、多情。可无论呈现出哪一面，都是人生的本色演出。

在人生的画布上，若你告诉我，下笔时一个点的颜色取错了，将它点染成一朵小花吧，我会欣然接受。可是若你对我说，整张画好难看，画失败了，铲了重新画吧。我定会断然制止你的。

我们回首往事，知道它无法更改，所以会叹气，但是更会吸取教训，同样的错误争取不再犯，以此让自己在失败中懂得成长的内涵。而如果我们有能力修改过去的人生轨迹，人人都在不停地穿梭于现在或是未来，又有谁会真的存在于当下？

那样，人生将真的会变成一场游戏，无论承认与否，你我都在游戏人生。

没有了经验、教训、悔恨，何谈总结、成长、进步？

过去的每一天，不论你是失败的，还是成功的，你都将有所收获。成功，你获得了自我满足感；失败，你明白了今后努力的方向。

一定意义上，对过去的抹杀与任意涂改，是对自己未来的不负责任。

正视自己与自己的过去，怀着一颗感恩的心看待以往的人生，谦虚谨慎地走好今后的每一步，难道还有何遗憾？

自己的人生只能自己来走，无论现在是否精彩绝伦，只要怀有那颗感恩的心，有朝一日终会听到掌声响起。

你今天叹气了吗?

你今天叹气了吗?

可还记得你第一次叹气是什么时候?

大学时，同宿舍的一个女生说，高中时，第一次叹气，好像是因为某次模拟考试没有考好。不自觉地“唉”了一声，在空空荡荡的卧室。却猛地被自己的声音惊到了。从此知道人生步入了一个多愁的阶段。

周末去做美体，技师是个不太年轻的女子，不过孩子才刚两岁，是个路还走不稳的胖儿子。虽然是周六，但是老公上班，无奈，她只得将孩子带到了店里照看。

本想拜托其他没有顾客的同事，但是儿子那天特别淘气，只想黏着妈妈。我一想，孩子才刚两岁，也没什么，便让她将孩子留在了屋里。

她在东边的床上给我做，孩子在西边靠着窗边玩。

忽然间我听到了一声叹气。我没有出声，稚嫩的声音成人发不出来，那么只有那个孩子了。

可是孩子才刚两岁。不过她却告诉我，他经常这个样子。

原来，现代生活的压力竟然已经传导到如此小的孩子身上了，我苦笑。

邻居家的阿姨回来了。距离上一次回家大概已经有10年了吧。

阿姨是个停不下的人。同时，有头脑也有脸蛋。

应该是上世纪80年代吧，阿姨看不上家里的木椅了，用她的话说，这东西，冬天冷，夏天粘肉，没一点好的地方。

或许是看那老旧的黑白电视，也或许是听广播，反正阿姨知道了，在大洋彼岸，一个发达国家里，人们有沙发坐，有大房子住，还有汽车开。

于是，阿姨在进大学时选了英语专业。因为，在她的思维里，身为一个女人，要想出国，最便捷的方式就是嫁个老外，而要想找个老外，就要去大学的外语专业。

某种意义上，阿姨是心怀鬼胎进的大学。不过不论起因和过程怎样，结果倒是真的遂了她的愿。大学毕业没多久就随着外教老师一起飞回了那个老外的故乡。

接下来就顺理成章，绿卡有了，沙发有了，驾照有了，孩子也有了。

然而阿姨却并非那么快乐。每天早早起床，收拾家务，伺候孩子，洗衣做饭，活得完全像个保姆一样。作为一个全职主妇，这些活儿你不做谁做?

好不容易到了周末，却要起得比平时还早，因为要带孩子去上各种学习班。

那是隆冬的一个早晨，非常冷。外面还一片漆黑，阿姨打开了孩子们卧室的灯，随之响起了一声声的哼唧抗议，阿姨将三个孩子一一拍醒，督促他们穿上衣服去洗漱，再哄着他们下楼吃早餐，直至关上家门钻入车里，历时一个半小时。

握着手中的方向盘，阿姨已没有刚拿到驾照时的兴奋，她早就明白了，在这里，会开车是基本功，同时，只有你会开车才能成为一个合格的劳动力，否则你连个酱油都没有办法买。

已经很多年都没有睡过懒觉，没有体会过做女儿的温暖，没有享受过安静的真正属于自己的一天。阿姨确实有点累了，而此时车中此起彼伏的全都是埋怨声、抱怨声和不想去参加兴趣班的抗议声。

阿姨终于受不了了，明明没有下起雪，却觉得眼前模糊了，温热的液体顺着脸庞一滴滴砸到了腿上。

我跟阿姨两人就着花生豆喝啤酒，两个人像糙汉子一样咀嚼着阿姨话中的悲伤与无助。

阿姨说，当初明明是奔着幸福去的，却没承想活成了悲哀。

有句话说得非常好："理想很丰满，现实很骨感。"如果每个奔着理想去的人都能让现实临摹出理想，那么，"现实"这个词不就多余了吗?

正因为理想是超脱于现实的，所以它才能异常美丽。

但是，现实也绝非你所想象的那么不堪。

阿姨或许没有过上以拥有沙发为代表的舒适精神生活，却已实现了物质上的满足。儿女的抱怨、家庭的琐碎、劳累的生活，这些烦恼，只要成了家的人都有。况且，还有那么多的人想拥有却不得。

每一个今天都是果，之前的日日夜夜都是结下了这颗果的因。不论你是否喜欢，它是否为你想要得到的样貌，你都为它的出现付出了无数的努力。

就如同怀胎十月一样。作为一个母亲，母爱是天生的，因为孩子是你身上掉下来的肉，曾经的他是你身体的一部分。

你现在的生活不论是否如意，它都是你亲自选种、施肥、浇水所得的果实。纵使苦，却掺杂着你的心血。

活到今天，体验迄今为止所有的得与失确实不容易。可是如此不易的过程你不都坚持下来了吗？再大的苦都熬过来了，还有什么好唉声叹气的呢？

好吧，换个角度，既然到了“今天”的此情此景有太多的悲伤，那么就让叹息停留在“今天”。在人生的漫漫旅途中，在“今天”后面画上一个隔断符，然后，给自己一个鼓励，用微笑迎接明天依旧会升起的朝阳。

没有勇气与决断，又如何撑得起生命的重量？

那天晚上，我与阿姨不再吃花生豆，我们将叹息揉碎在了“今天”这杯酒中，干杯后就此睡下。

相信明天是个艳阳天。

 长大之后才会懂这份爱

父母之爱乃世界上最伟大、最无私的爱，没有之一。

自从得知家中一位长辈病重住院，母亲更加操劳了。每日早起后除了收拾家务外，还要另做一份病号餐。虽然母亲早已晋升奶奶辈，但是却丝毫不懂得爱惜自己，往往到了医院，一待就是一整天。

接到小佐的电话，是在医院中，小佐约我周末叙旧。

我推说母亲最近很累。我需要照顾母亲。

电话那头沉默了。不过，我明白小佐并不是因我的推辞

而心生不爽。

小佐考了两次博。第一次失利后，小佐不想去参加工作，觉得现在是上不上下不下的情况，还不如咬牙再战一次。可是毕竟早已是具备行为能力的成年人，小佐总觉得这样做对不起上了岁数的父母。

一不做二不休，小佐离开了家，到了想要继续求学的那座城市，打算一边打工一边复习。

可是要先解决住宿问题。小佐来到了那所心仪已久的大学，沿途一路瞄学校周边的各种月租小广告，可是便宜的不靠谱，贵的租不起。

孤身一人离开家，小佐体会到了无助和寂寞。夜晚在旅馆拨通了母亲的电话，本想报个平安，但一听母亲的声音就忍不住哗哗开始掉眼泪。听了个大概的原委，母亲倒也没责备小佐什么，只是一个劲儿安慰姑娘要坚强些，实在不行就回家。

可是倔强的小佐岂是那么容易服输的，第二天就又早早地踏上了寻房之路。

还是那样，学校周边虽然各种月租、日租层出不穷，但是往往都是属于半民居改造款。多隔出来几间屋子，安几个带锁的门，在大门外把招牌一挂，就开始往外贴小广告了。

不死心的小佐啃着面包开始琢磨，要不要去家属院拿下之前看的那间合租屋，虽然贵些，可是放心，虽然以后会艰苦许多。

没想到犹豫不决间，昨天看房的家属院房东阿姨竟然打电话来了。小佐疑惑地接通，兴奋地挂断。阿姨竟然愿意让步了，一个月的房租一下子便宜了一大截。

签下租房合同，小佐又马不停蹄找兼职。小佐知道自己情况特殊，找正规的需要全职员工的公司是不可能的，于是，小佐盯上了快餐店。

可没承想，还没有去应聘，母亲的电话就过来了，得知小佐还没有确定养活自己的饭碗后，母亲说朋友的一个公司里后勤岗位缺个人手。每天就是复印些材料，采买点办公用品，正常8小时工作制。小佐心里乐开了花，赶忙去应聘上岗。

之前当我得知小佐准备孤身一人离家去半工半复习时，我对小佐说过，如果你钱不够用了，我可以先借你周转一下。可是，直到小佐被录取，步入校门开始领补助了，我都没有接到一通关于借钱的电话。

庆祝她成功回归学校时，饭桌上的小佐嘻嘻哈哈的，一直说备考时自己运气多么好。租住的房子干净舒适，房租不贵；公司事情不多，准时下班，虽然工资少了点，但是好歹能养活自己，更重要的，能给自己留出足够多的复习时间。

可是嘻哈路线并没走多久。一天傍晚，小佐把我约出来，抱着我痛哭了半天，怎么劝都劝不住。

原来，小佐和母亲吵了一架，父亲一怒之下将母亲此前所做的一切都告诉了小佐。

之前小佐口中那个人很好的房东实际上一分钱也没有降，只是母亲把差价补齐了。打工的那家公司里，事情少、能准时下班的就小佐一人，虽然以少拿工资作为条件，但是母亲还是拜托了朋友大半天，才勉强把小佐塞进去。

很多人习惯把坏脾气留给家人、留给最亲近的人。美其名曰，因为我们之间已经很亲近，不需要任何客套。

可是，有时客套和感恩并没有多大区别。对帮助过你的朋友说声谢谢，这是感恩还是客套？但是为什么对待家人却没有了客套，更没有了感恩呢？

或许你会说，对待长相厮守的家人，说声爱，你会害羞；说句谢谢，你会觉得疏远了关系。可是，爱不说出来，对方是不会懂的。

走出父母的庇佑，你会发现，社会是复杂的，关系是复杂的，人心也是复杂的。肯真正无私帮助你的人，确实有，不过也请不要奢求满大街都是这样的好人。传说中的“活菩萨”要是人人都是，那就人人都不是。

正因为有“无”，才能彰显出“有”。

不知你的运气如何？碰上的陌生“活菩萨”多吗？如果答案是否定的，那么恭喜你，你已经或即将获知一条重要的人生哲理。

事实上，无私的“活菩萨”的确是存在的，而且就在你身边。是的，正是无论多远、多难、多辛苦都会一直陪伴我们的父母。

我理解小佐的眼泪。所以，那个夜晚，既然劝不住，索性我与小佐一起哭了好久。

为你我曾经的悔恨，也为洗净遮蔽许久的双眼及灵魂。

在功利的时代下，朋友不要分贵贱

现代社会纷繁复杂，许多词已被滥用，如“哥们儿”“姐们儿”。

又值一年毕业季，看着那么多青涩面孔提着大包小包走出校门，不免替他们伤感。

人们都说高考是目前最公平的一个竞争机会。关于这点，我不敢苟同。事实若果真如此，那么部分省市的户籍也不用被争得头破血流。

不过与其相关的高校，我倒觉得是一个成年人所能体会的、仅存的一片人际关系净土。出了那扇大门，你将明白人心的狡黠与阴暗。

曾经交往过几个很好的朋友，下班后，经常相约去吃个饭，或者去娱乐一下。

因为相交已久，大家什么家底也是略有耳闻。

朋友A、B家庭背景深厚，尤其是B，家底很是殷实，父母各有企业，B也有自己的餐饮品牌，而且在那个圈子里混得风生水起。以前到她的店吃过几次饭，每次去都要排号，生意相当火爆。

C家庭中规中矩，不过比较节俭朴实，所以也是不可小觑。

相比之下，D就差一些了，父母均已退休，退休金是那种可以忽略不计的程度，听说父亲还为了今后能让儿子的儿子上个好点的小学，在退休后又找了个工作，为买套学区房不停奋斗。而实际上，他的儿子目前连个女朋友都没有。

而我，基本上是处在C以下、D以上那个水平吧。

一般我们不论玩或者吃饭，不会太过精打细算。即使我们中的大多数人都是工薪族也一样，再让我们像当初上学一样，为了省两块钱宁愿吃素不吃肉，纯粹来场精神聚会、情感交流，那也太过寒酸，毕竟我们已经出来混社会很多年。

可是消费是实在会发生的。A、B应该不会愁，C也还可以，D怎样我不太清楚，不过我知道，长此以往，我自己已经觉得有些吃力。

然而，说实话，我并不想就此脱离这群朋友，尤其是A、B。毕竟，出来混，心里还是对水深水浅有些底儿的。有些时候，有些事情，不是全靠你的主观努力就能够解决的，人脉、权势或是金钱，是打通一些关节的必备要素。

你可以愣，但你不可以傻。装成一副天真的样子可以，但是不要真的是头脑一片空白。否则，进入社会，你被人卖了，没准还在帮人家数钱。

所以，我明白，我应该拥抱同一层次的D，可是，我却不自觉地咬牙向A、B靠齐，顺便再拉拢C。而D，我觉得似乎自己没有精力也没有什么必要为他付出很多。于是，自然地，包括我，我们有意无意地疏远了D。

年初时，因为家里长辈病情加重，资金有些紧张。老底儿渐渐被掏空，我也没有什么积蓄，可以说是一筹莫展。

万般无奈，我向朋友开了口。其实，哪怕知道任何一条别的路，我也不愿轻易向朋友借钱。有时友谊这块布被撕裂，哪怕仅仅是一道小口子，也不可能被缝补得天衣无缝。

事实证明，我想多了，根本就不用缝补，因为那条口子大得直接把布扯开了。

此后，A、B、C总是躲着我。我觉得这并不是我想多了。因为哪怕是我真的想要约他们一起去吃个饭坐坐，也会被以各种理由推脱掉。

那段时间里，我真的是无奈到挂掉电话只能"呵呵"。

不过出乎我意料，已被我疏远了一阵时间的D，不知是从哪里听说了我的近况，某天竟然主动给我打来了电话，接通后劈头盖脸一顿责备，说我太见外，说我太不拿他当朋友看，骂完后告诉我，他手头攒了些钱，需要的话尽管先拿去用。

我心中的滋味，可想而知。

交友广泛，不是什么值得诟病的事，反而还是你性情开朗的一个佐证。可是，如果你以某些不正当的标准，如金钱、实力，来揽友，则不光朋友的质量值得商榷，连你的人品也是值得怀疑的。

今天你因为张三财大气粗而靠近他，明天就会有人因为你的势利眼而远离你。人与人的交往是一个相互选择的过程。

道不同不相为谋。

当你身边围绕的是一群由你利益观而划定的朋友时，你的人生中将仅剩下利益二字。这种局面一旦形成，你一定要步步为营，人生千万不要有所闪失，否则到时你口中的朋友不给你落井下石就不错，还指望对方会帮助你？抱有这种想法的你，大概还没睡醒吧。

你要知道，人生在世，不光有功成名就，也不仅仅有纸醉金迷。作为群居动物，人需要真情来取暖。

以贵贱相分，“朋友”是金币的代名词，冰冷而散发着铜臭味。

走过一条臭水沟，你懂得掩鼻而过；露宿高原山巅，你懂得相依取暖。

相信如此精明的你，在今后人生的漫漫长路里，定能摒弃一时的贵贱迷惑，以真情实意挑选、对待朋友。

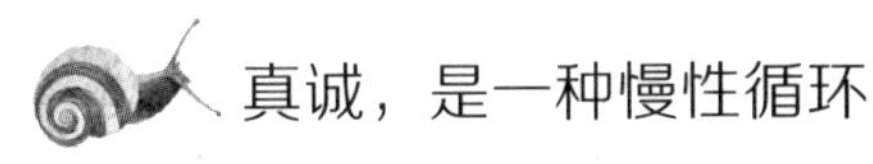

真诚，是一种慢性循环

当你拿真心对待别人时，才有资格期盼别人回报以真情。

朋友A君进入了大学校门后，发现了一个非常严肃的问题：钱不够用。

父母怕他乱花钱搞出一堆麻烦事来，严格控制了A君每个月的零用钱。学校的补助聊胜于无，但是却不给发，美其名曰，支援学校建设。于是，为了维持正常的烟酒游戏生活，A君经学长介绍，开启了家教生涯。

A君是理科生，高考时理综和数学是响当当的拿分项，而除了这两科，剩下的说出来全都是伤心事。

鉴于此，A君做起了高中生的理科家教，重点负责物理、数学。

最开始时，刚开张的A君生意也就那样，零零散散的也有学生，不过论学生水平、课程报酬都是一般般，直到接到了那单大生意。

一天学长到宿舍找到A君，很神秘地告诉他，有个学生需要请个家教，报酬比之前高。话说得模糊而神秘，只问他去不去，去的话到时候家长会详细地提要求。

A君也没多想，接下了。

到了学生家里，看到的是一个比他高一头的男生。练体育的。

男生妈妈对A君提的要求很多。不过，归结起来，倒也不多，只有一个：让儿子在高考时，过了所有的文化课。

A君明白了学长的神秘，以及为什么对方出价会比较大方：A君一个人要兼多科家教，此外还要完成一个几乎不可能完成的任务。

本来A君是不抱什么希望的，而在看到男生的各科考卷后，A君则十分坦然地忘记了“希望”二字怎么写。只能死马当成活马医了。

事实上，当时已经是高三了，确切地说，男生的特长生招生成绩都出来了。这意味着，A君没多长时间了。

每天看着男生妈妈恨不得明天就去替儿子取重点高校录取通知书的神情，A君的内心是崩溃的。

经过最初几天与男生的交流，A君明白，男生并不喜欢学习。而在这个大前提下，你无论是跟他讲题还是梳理课本，他都没心情听，更听不懂。

于是，A君先试着跟他多接触，最起码不让男生抵触有着“老师”身份的A君。在此基础上，再循序渐进灌输一些比较重要的基础知识和答题技巧。

那段时间，A君像重回高三一样，每天不断地做模拟卷，为的就是找到各种简单的解题技巧。然后再将它们用男生喜欢听的、感兴趣的方式讲述给他。

彼时的A君并没有女朋友，我曾打趣过他，如果他能将花在这个男生身上的一半精力用在追女朋友这件事上，被他拿下的女友就可以用卡车来装了。

暴风雨般的高考如约而来又匆匆而去。在等成绩的半个多月里，A君和男生的母亲比男生要紧张多了。

查成绩那天，A君对着电脑吓得大气都不敢出。

不过，还好，男生还是可塑之才。过线了。

男生母亲激动地转身就去隔壁屋拿了一个红包出来，塞给了A君，语无伦次地说着感谢的话。大意就是，谢谢他没有像别的家教一样放弃儿子，谢谢他诚恳地、费心费力地教儿子。

这单生意过后，A君的工作就停不下来了。越来越多的母亲主动给A君打电话，说自己与男生母亲是多年的老朋友，请无论如何也来教教自己家孩子。

A君从此再也不用学长牵线搭桥了。

人与人相交，最重要的或许应该是坦诚相待吧。如果最初两人的交往嫁接在某种利益之上。当利益蒸发之时，也就是两人分道扬镳之刻。

社会是个大网，我们每个人都是其中的一个小小结点，通过相知相交，与周围人成功搭上线。

你知道传导效应吗？人与人之间也有。好名声会经由他人口口相传，香飘万里。当然，坏名声也是如此。

当你用真心、真诚地对待他人时，对方既非铁石心肠，又怎会感知不到？

你感动了我，他曾经又感受过我的真诚，那么他终究会得知你的存在。或许这个相互传导的过程比较慢，是个慢性循环，但是，你要相信，再慢也没有停止循环。因为，真诚的人，相互之间是有磁场存在的。

A君步入社会后，找到了一个正式工作。虽然我与他已经很久没有联系过了。但是，我相信，真诚待人的A君是会有一个很好的前程的。

有些人，走了就永远不会回来

有些人，走了就永远不会再回来。

那句台词说得很好：“哭如果管用，还要警察干什么？”

依依边啃着煎饼边对着我哭，虽然看上去很不搭，但是确实够悲伤，好像之前对狗子的恶行跟她一点关系都没有一样。

狗子，依依的小男友。真名自然不会这么贱，这是依依在与他相处3个月后给他取的昵称。据说那天是狗子的生日，依依打算送他个特别的生日礼物，想了半天，依依很正经地对狗子说："我一直想养只狗，可是嫌麻烦，干脆养你好了。在这个特别的节日里，我送你个狗名，就叫狗子好了。简单明了又醒目。"

是的，依依小姐确实说这话时顶着一张很正经的脸。哪怕仅相处3个月，可是依依一点也不认生。

凡是依依的朋友，都强烈谴责过她。原因无他，依依简直真的把狗子当成狗狗一样对待，甚至有时还不如。其实我们与狗子一点也不熟，没有义务替他喊冤。可是，只要有点良心的人都明白，依依对狗子实在有点过分了。

依依是那种死吃不胖的人，而且还比较喜欢熬夜看剧。多半时间，只要一饿她就会给狗子打电话，叫他去打包麻辣烫，即使半个小时前依依亲口对狗子说完"你先睡吧，晚安"。关键是此前两人并没有同居，他们一个住城市最东边，另一个住城市最南边。虽然不是大对角，可是城市路政在当年规划道路时并没有给东头和南头之间拉条直线。

很多次，狗子都是迷迷糊糊睡着之后就被电话铃声吵醒，强睁着惺忪的睡眼打车去买自己根本就不吃的东西，再大老远地送来依依家。依依倒也不客气，在门口接了东西后，一摆手就关门回屋继续看剧了。那意思很明确，狗子的任务已经圆满完成，可以打道回府了。

后来他们俩住到了一起，狗子有点安心了。因为狗子做得一手好菜，麻辣烫这种东西自然难不倒他，虽然可能比外面卖的少了些作料，但是也是那么回事。依依每次再让狗子去外面买，狗子连哄带骗，在自家厨房也就糊弄过去了。

可是，狗子还是太单纯了。依依在失去了麻辣烫这个折磨他的东西后，又新开发了另一种东西，比吃还要人命。

依依的衣服不论夏装还是冬装，多是很拿得出手的货。好衣服自然机洗、手洗都不行，要送去干洗店。自从与狗子同居后，依依的衣服不到穿的时候，她是绝想不起来取的，而且还不让狗子提前取。

狗子之前讲，那段时间里，他最怕临下班时收到依依的信息。十有八九是告诉他，之前送的哪件衣服赶紧去取，明天她要穿。

狗子要赶紧狂奔到家拿取衣单，再飞奔到洗衣店。顺利取到衣服还好说，就是多喘两口气的事儿。可是万一人家已经关门下班，取不到衣服，少说依依又要跟他展开长达半个月的冷暴力。

我之前劝过依依，干吗为件衣服这么难为狗子，衣服洗好了可以马上取回来，这样也就省得临穿的时候才着急忙慌地去取了，而且以前和狗子没住在一起时，不是都提前去取吗？可是依依理由很充分："家里衣服太多，放不下了。而且，作为我的小男友，狗子难道不应该鞍前马后吗？"

不应该。

狗子现在的鞍前马后只是因为他没有醒悟而已。果然，两人同居半年后，狗子搬走了。

从此彻底消失在依依的生命里。

两人从相知到相恋，再到相守。过程中，谁也不欠谁的。因为缘分走到了一起，又因为爱情相依相守，等到纹路爬上脸庞，爱情已经消失，彼此却已离不开对方，说习惯也好，说亲情也罢，反正你已是我人生中重要的一部分。

可是，如此美妙的童话，需要彼此的细心呵护。我对你好，是因为我爱你，而非出于义务。

在两人的世界里，对方多给予了你一分珍爱，你则要回他一分。这样，爱情的天平才能相平。若你仅仅知道索取，迟早你会将天平压塌。已经被肢解的天秤，再加上已沉重得很是骄傲的你，将如何再让天平平复如初？

压抑、单调的生活中确实需要一些调味剂，偶尔耍个小脾气，使个小性子，不是不可以，反而能增添些情趣。可是若得寸进尺，将这生活中偶尔绽放的美丽小烟花变成大炮筒，时不时作上两炮弹，任谁都受不了。

今生遇到那个知道疼你、懂得爱你、明白呵护你的人，是你的福气。既然明知他好，为何不去珍惜呢？

切莫失去后才懂得珍惜。

到时你的热泪纵使冲花你的妆容，打湿你的衣衫，也再无人心疼地拥你入怀。

 你羡慕再多，那也是别人的生活

不要让他人的幸福蒙蔽了你的感知。

羡慕再多，那也终究是别人的美好生活，与你又有什么关系？

木哥的婚姻生活不是很幸福，这点我们都知道，除了木嫂。

以前上学时，木哥虽然家境一般，但是个人能力还行，而且人缘好。所以，周围总是有各种类型的姑娘，不过也仅仅是朋友。

可是，虽然不能与她们任何一个人在一起，但终归木哥还是见识了世面。如此，注定了平凡得有些过分的木嫂不能让木哥满意。

然而，木哥还是娶了木嫂。岁数到了，仅此而已。

本来就是掺杂着义务成分的婚姻，也不要想着能有多么琴瑟和谐。两人在一起，就如“举案齐眉”一词，乍一看恭恭敬敬，实际上，内心风起云涌。

在仅剩下一群哥们儿时，别人说的多是，“我家孩子太调皮，孩子妈管得厉害着呢，都不让我护犊子”，一脸宠溺。木哥则叹气：“你们家孩子那叫机灵，遗传好。我哪里敢生，不敢赌这博。”

总之，不论是跟周围哥们儿的媳妇儿比还是跟以前交往的朋友比，在木哥眼里，木嫂除了老实、听话之外，可以说是要什么没什么的类型。“就这么凑合过吧，最起码下班到家，能有个人伺候我。”这是那个夏日的深夜到来之前，木哥常说的一句话。

5月的一个深夜，木哥疼醒了。下腹那一片，也说不太好是哪里，只是感觉突如其来一阵针扎似的疼痛感。木哥回想当晚的饭菜，全都是新鲜蔬菜做的，而且天又不热，食物中毒的可能性并不大。那难道是急性阑尾炎？阑尾在右侧，木哥想要先确定一下究竟是腹部的哪一边在疼。

身边的木嫂醒了。可能木哥都没有察觉到，他尽力控制的哼唧声并没有他想象中那么小。

一摸木哥的额头，并不烫，可是全都是汗。迷迷糊糊的木嫂一下给惊醒了。撩被子，一骨碌就下来了。绕到木哥那一侧，看着木哥手捂的位置，嘴里不停地念叨："怎么了？哪里疼？你等着我，我去找车，我们马上去医院。"

那个时候约车软件还没有上市，打车是需要去大马路上拦的。好在城市小，木嫂跑到小区外面一会儿就拦上一辆车，让师傅开到楼下，上楼搀扶木哥，到医院，挂号，看病。足足折腾了两个多小时。

原来是结石。没有别的办法，回家多喝水。

归家后，天还没有亮。也不知是出去跑了一圈还是因为什么，木哥总觉得腹部不是特别疼了。木哥准备躺下，继续睡会儿。却发现木嫂并没有躺下，而是搬了张椅子坐到了床边。

“你要是疼就叫我，我给你端水。”木嫂说。

木哥觉得很好笑，又不是喝杯水就能把掉下去的小石块冲走。可是黑夜中，木哥觉得鼻头有点酸。

当时才刚凌晨3点。

英语中有个单词，overlook。最开始我怎么也记不住词义，以致在阅读理解中，就因为这个词，还痛失过2分。我出离愤怒了，开始对它进行肢解。

Over，向上。Look，看。向上看，而抛出的物体会做抛物线运动。由此，视线落地后，你看到的是前方几百米的地方，恰恰略过了脚下。“overlook。远眺；忽视。”

将视线放在远方，不是不可以。但是，切莫好高骛远。你要明白，没有脚下的基石，你将坠落深渊。

无论男女，很多人在攀谈时，都喜欢夸夸其谈。可是其中没有多少是切合实际的。如若信了这些鬼话，你在对周围亲人表示不满时，也请多悲哀一下自己的智商。

试问，谁在你生病时给你煲汤做饭，谁在你悲伤失意时与你携手共度，又是谁在你成功时比你还欢欣激动？

那站在你身边的人，或许有太多的不足，可是你又是完人吗？他选择了你，你也选择了他，这本就是一种缘分。佛说，前世的五百次回眸，才会换得今生的擦肩而过。更何况成为姊妹、父母、亲人的你们，相守一世。

收回抛出去的目光，你将收获更多。就如木哥那夜顶着酸溜溜的鼻头想："她应该有点累了吧，该有一个孩子了。"

不论你现在是一个读书的孩子，还是一个上班的年轻人，抑或是一位花甲的老者，都请在目视远方之前，靠近身边的温暖。

请尝试着牵起身旁亲人的手，相信你会体验到手心中浓浓的暖意。

美好的幸福在哪里呢？身边而已。很近，却真实而又暖心。

04

FOUR

爱钱，但更爱真实的生活

你我都不是小孩子，不要骗自己了。

你明明知道钱不是万能的，幸福是珍贵的，但为何总是掩耳盗铃般做些丢了西瓜捡芝麻的事呢。

你我都明白，爱钱并不可耻

如果用钱就能摆平一切，那么这个世界倒是真的变得容易理解了。

认识宇哥是因为一单生意，我是买家，宇哥是卖家。

那时正值大暑节气到来，路面蒸腾着热气，一脚踩上去，软软的，棉花糖一般。即便如此，面对我的百般刁难，宇哥依旧顶着大太阳鞍前马后，说话得体，举止得体，笑容得体。

最后，买卖做成了，朋友也交上了。

之后在多次往来中才知道，宇哥的朋友简直遍布我们这座城市，凡是与他打过交道、做过生意的，往往最后都成了朋友。

“做一单生意交一个朋友。”这是宇哥的原则。

如此会做人、会工作，不升职貌似也说不过去。由于经营能力的欠缺，且公司上下各层相继施压，原来的店总提出了辞职，而宇哥则顺理成章升任店总。

众所周知，“总”和职员的区别很大。其中，最明显也最引人侧目的，就是年薪后面多了个0或者前面加了个1。

工资条上数字一变，周围环绕的人群也悄然发生了一些改变：不知什么时候，诸多极品，开始萦绕在宇哥周围。

前段时间，宇哥负责的店联合厂家，搞了场新品发布会。周末时，包下了本市档次最高的一个酒店的宴会厅，请来了一流的典礼策划，向以前的各位主顾及各行各业的新老朋友发出了请柬。

当天，所有男士均须穿着西装、皮鞋，且须携女伴方可入场，而女士则要求正装出席。走红毯、签名墙、摆拍，各种当下流行的程序全都用上了。场面甚是热闹。

这场发布会在推广新品方面效果如何，身为一个局外人的我并不太清楚，但是，一入场先被整体气场电晕的单身美女们，当看到宇哥意气风发地往台上一站，开口便是侃侃而谈时，接下来的冷餐环节中便开始纷纷向宇哥左右集结了。

不过，她们却忘记了宇哥也是男士，作为规则的制定者，宇哥也要遵守规则。因此，宇哥是有女伴的。

宇哥的女伴，即他的女朋友，好像是叫盈盈或是莺莺。之前宇哥升任店总后，我曾拜托宇哥办过件事。当时办成事后和宇哥接头时，大老远地跟他女朋友打过一次照面，完全没有交流。但是，给我的印象却相当深刻。原因只有一个：漂亮，很漂亮，十分漂亮。当知道这是宇哥新交的女朋友后，我记得当时还当面向宇哥表达过我的羡慕嫉妒恨，对他的事业、美女双丰收表示了无限的憧憬。

然而，在会场上，面对众多直奔宇哥而去的美女，身为正牌女友的“Ying Ying”的表现却着实让我大跌眼镜。

冷餐一开始，本是自由活动阶段，或者讲是商场人士联络感情的最佳时期，一些沟通的小圈子是轻松之中又掺杂严肃的，所以，女伴先靠边站是很寻常的。不过，宇哥的小女友倒是也很机灵，明白今天她的敌人不仅众多还个个都摩拳擦掌。所以，宇哥不管走到哪里，她都牢牢地挽住宇哥的手臂，甚至后来简直就是抓了。

大老远地看着手臂处被揉成一团的宇哥的西装，我都替宇哥无语。

整场冷餐环节中，小女友与宇哥倒是真真地上演了一出夫唱妇随，宇哥到哪儿她到哪儿，活像一贴膏药，死死地粘在了宇哥身上。同时还不忘时不时环顾敌情，一旦发现有美女意欲靠近，便不顾身边人硬将自己往宇哥身上贴。

那情形，简直不忍直视。

我不想指责这位吃相难看了点的女人。追求钱、爱钱，无可厚非，毕竟我们都是活生生的人，我们需要通过饮食来维持生命，需要通过娱乐来愉悦心情，需要通过社交来维系必要的情感交流。这些无不需要钱做铺垫。

尤其当你生为女人时，有了钱，你就可以保持青春，维持体形，装扮自己。由此，娱己也悦人。

在女权主义甚嚣尘上的今日，身为一位女性，争得与男性平等的工作权利、生存权利成为一个被广泛接纳的潮流呼声。但是，民主，就应该意味着一定程度、一定范围内的自由。所以，选择更为古典的生活方式，过男主外女主内的生活也无可厚非。

你可以不喜欢我的选择，但是你也没有随意指摘我生活的权利。

但是，如果是为了钱而生活，因为钱而依附，则多少带有了些许愚蠢的味道。

当你因为钱而过上了物质丰富的生活的同时，必须做的就是积极开展精神建设。钱，有时如同交通工具。利用交通工具，你可以到达你想要到达的目的地，但是仅此而已，到站后，你要靠自己下车，要靠自己去识人，要靠自己去谈判。指望着交通工具帮你工作？别傻了。科幻片终究是个片儿，它只留存在电影、电视中。

经由钱，你可以很容易刷新你的外表，毕竟，谁不喜欢痛快地买买买呢。但是，要想留住钱，还要利用钱来更新换代你头脑中的知识储备。

要知道，花瓶固然好看，但是却沉重、易碎、喑哑，哪如百灵来得轻快、机灵、清脆。

圈钱容易，难的是圈住钱。

后来听说那天结束活动回家后，宇哥相当生气，从此那个长相空灵让人惊艳的“Ying Ying”就再也没有在宇哥身边出现了。

想来还真是有够“空灵”的一张面孔，空空的没有灵气。

你可以爱钱，但是这却不意味着你能永远守住你所爱的钱。钱可以立竿见影地给你带来物质上的丰盈，但是，千万记得在丰胸提臀时捎带脚提升一下自己的脑容量。

毕竟，如果只是四肢发达而头脑萎缩，那么，你只能拥抱钱，却无法让钱来抱紧你。

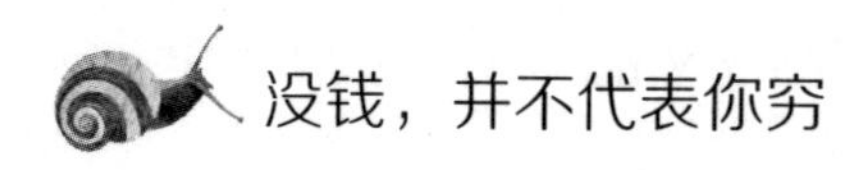

没钱，并不代表你穷

有钱并不能说明你富有，没钱也不能代表你贫穷。

马哥最近几年过得还算不错，相继完成了人生大事记中的升职、娶妻、生子三项，近期又听说他刚买了套房子，准备乔迁新居。

临近搬家，马哥叫了我们三个朋友出来小聚。

一番嬉笑后，马哥才跟我们提起这顿饭局的目的何在。原来，职虽然升了，但是工资涨幅有限；媳妇虽然娶了，但是因为工作一般且生了孩子，索性辞职专心照顾儿子和老公了；最后，房子虽然买了，但是资金一直处于紧张状态。

总归一句话，该花的虽然还是要花，不过能省的也要尽量省下来。再说直白点：今天这顿饭，马哥请；周末搬家，我们三人出车出人出力。

我们三个人是高中同学。确切点说，是高二之后的同班同学。高一时，我们分别在不同的两个班，几乎是不知还有对方的存在。高二时，文理分班。因为所谓的“兴趣”，我们彼此相识，但是仅止于见面互相打个招呼的熟人关系。像今天一样，毕业这么多年还能聚到一起，同坐一桌，没轻没重地打趣、开玩笑，全凭马哥。

与马哥如同拜把子的我们三人，在日常往来中，渐渐地发现了彼此的存在，再佐以脾气秉性等方面的臭味相投。自然而然地，我们三人以马哥为中心组成了一个小集体。有马哥在，我们四人狂欢；没有马哥，我们三人疯玩。

其实，如此因为马哥而结缘的小圈子并不少。马哥在其中牵线搭桥，我们通过马哥，彼此熟悉、结交。或许相邻的小圈子并没什么交集，但是往往其中都会有马哥的身影存在。

“善交友，吃得开。”这是我们对马哥的一致评价。

但是，人与人总是会有亲疏远近，再加上毕业后要么远走他乡，要么忙着给孩子洗尿布，虽然还会互相开玩笑骂上两句，但是勾肩搭背的时候就少多了。渐渐地，经常组队出来吃喝玩乐的队伍就只剩下我们四人。

吃人嘴短，拿人手短。吃得大汗淋漓的我们，听着马哥的吩咐，纷纷表示包在我们身上，反正家具全都不要，只需要搬些杂七杂八的物件，小意思。

嘴上虽然这么答应着，但是我们心里都明白，一旦把柜子、书橱里所有东西全都翻出来，别说三辆车，就是四辆车也一点不显多。何况，马哥并没有车。

马哥现在住的房子是亲戚的，因为长辈去世，继续住在这里的理由已经没有了，而且现在孩子也已经出生，去哪里上小学，将来在哪个屋子做作业，都是需要考虑的现实问题，所以，虽然今后很有可能要经常加班，虽然今后要少让媳妇买几件衣服，虽然今后要尽量给儿子做手工玩具，但是，马哥还是咬牙买下了这套小面积的房子。

真正的刚需，是没钱也要买。

虽然满口答应了马哥，周末时帮忙搬家，但是平时运动严重不足的我们，一想到猛然运动后的一周很有可能会瘫痪在床的场景，尿尿地动起了歪脑筋。

我们三个人新建了一个高中群，将同在一个城市的同班同学都加了进来，询问大家有没有兴趣周末时去马哥新家一日游，兼做苦力帮忙搬家。

虽然我们初做时心怀鬼胎，然而，如此做的结果却是我们始料不及的。

周日时，本在楼下等我们三人的马哥，大老远地看到了乌泱乌泱的十来个人朝他走去。受到惊吓的马哥在看清来者何人后，笑骂了一句："迎面这么多人冲我走过来，我还寻思着最近我挺遵纪守法的呀。"

人多果然力量大。我们七手八脚地就解决了战斗。但是，因为人太多，新家太小，天气太热，那天搬家时，我们彼此说得最多的一句话是："下次出门别整香水，不知道一出汗就成香臭香臭的了啊。"

当下社会中，钱，确实是个好东西，它可以满足你的味蕾需要；可以刺激你的感官欲望；可以喂饱你的爱慕虚荣。但是，它却买不来真情实意。

在社会中混迹久了，自然会发现，笑容不一定是真的，夸奖不一定是真的，就连朋友也不一定是真的。今天还对你称兄道弟，明天翻脸不认人的，简直太多太多。

用钱圈定的，只是暂时的利益平衡。

釜底抽薪，很绝的一招。不仅因为它的稳准狠，还在于它的治标又治本。靠薪柴燃起的熊熊篝火，灭掉它，将燃料取走即可。同理，用金钱维系的关系，解绑它，只须撤走资金就可实现。

曾经不可一世的金主，一旦穷途末路，资金紧张，最先明白的就是人走茶凉、树倒猢狲散。

与真情无关的利益绑定体，利益消失了，再绑定，那叫自虐。你我都不傻，好说好散，那叫给彼此留个面子，毕竟明面上因为钱撕破了脸，毕竟不好看，虽然有些人经常做这些不要脸面的事情。

扯下了名为“金钱”的遮羞布，我们个个都是野兽。

然而，好在还有一句话叫，“众人拾柴火焰高”。在本身力量不大的情况下，薪不抽都有可能面临随时灭掉的危机的情况下，还是有人有那种号召力，让大家心甘情愿去帮忙添火。

你的火快灭了，我帮你添柴；你的墙快倒了，我帮你扶起；你的树快倾斜了，我帮你稳住。

这种人确实没有什么钱，但是，他们的身边确有真情在。

既然不以利益为载体，他的孤家寡人情境又怎会说来就来。

有钱，并不值得被你当作傲人的资本。因为，薪一旦抽去，明天的你即为贫穷的代言人。没钱，虽然薪的基数有限，然而，还有众人的帮忙，又何愁因为贫穷而寸步难行。

狭隘的观点，贫乏的视角，只因你的自我限制。近义不等于同义，生活远高于理论。

没钱与贫穷之间，并不能被轻轻画上等号。

 很多人腰包很鼓，内心却很空

没钱的贫困叫作贫穷，有钱的贫困叫作赤贫。

王姐年岁并不大，但是因为老公的工作调动，以及结婚生子等一系列原因，目前她所投身的是第4份工作了。然而，虽然换过如此多的工作，实际上她一直只选择一种行业——公益组织。

或许是因为比较熟悉这个领域，抑或是公益心使然。总之，王姐一干就是小10年。当过总监、做过小兵，其中有苦有甜，但是王姐却一直甘之如饴。

所以，前脚刚将3岁的儿子扔进幼儿园，后脚还没有来得及为迟来许久的自由欢呼，就又投身公益组织的求职大军中。于是，也就有了这第4份工作。

虽说同是公益组织，日常都是负责联络受捐两头，为其牵线搭桥，但是其中也根据主营项目、涉及范围、组织性质等方面的差异而有些许的差别。

目前这个公益组织主要负责的是儿童事宜，更确切地说，王姐现在着手做的是人工耳蜗的植入项目。

因为人工耳蜗是直接通过医院来实现受赠的，所以与以往项目最大的一个不同是，这次主要针对的是个案，即由患有先天性听力障碍的儿童家人申请，公益组织审核，通过后，向资助单位派发单据及审核信息，资助单位再向医院调拨人工耳蜗，最后，孩子直接去医院安装。

过程虽然繁杂，但是最起码保证了一物对一人的机制，省去了中间钱财的往来，能够保证每一分钱的确用在了先天性听力障碍的孩子身上，而非私自挪用侵吞；况且，项目中所投入使用的人工耳蜗全部都是纯进口的高标准耳蜗，虽然不至于是最高等级的，但是对于一个需要通过申请救助来安装耳蜗的家庭来讲，其价格也无异于一个天文数字。

由此，针对个人提交的信息进行严格审核自然是不可或缺的。

但是，同样是公益事业，每次王姐都很厌烦做这种个案，倒不是因为工作量大，嫌麻烦，主要是因为里面的奇葩众多，让你忍不住就会动气。

前几日，王姐就接到一个电话，简直让她哭笑不得。

早晨刚到办公室后不久，电话铃就响起来了，王姐娴熟地拿起电话打招呼："喂，您好。请问有什么可以帮助您？"

话音未落，电话那头就急急地插进了一位老太太的声音："听说在你们那里可以申请安装人工耳蜗？我想给我孙子装一个。"

"请问您孙子多大呢？他的父母情况如何？"

"我孙子今年5岁了。他爸妈在家呢。"

"是因为什么原因在家呢？"

"哦，因为之前的工作不愿意做了，现在还在找，但是对方还没有给回音，等着消息呢。"

“请问您家庭收入怎么样？您有房子或车吗？”

“我们就是吃老底，之前拆迁分了点钱，日子还行吧。房子还没下来呢，车的话，儿子和儿媳一人一辆。”

听到这里，王姐其实已经有点来气了，明明有吃有喝的，还非要来抢免费的名额，而且还是让老太太来抢。于是，王姐又追问了一句：“请问您儿子或儿媳怎么不打电话申请呢？”

“哦，他们还睡觉呢，没起。我寻思着我起得早，反正也是闲着，就打电话申请得了。”

如果说前一秒王姐还是愤恨，那么下一秒听及此，王姐简直就是暴怒了。

“我们这是属于爱心捐赠，是给生活没着落的人免费捐的东西。您儿子和儿媳明明都可以自己赚钱，但是非懒着不动，专门等着伸手拿，我们就是给您捐了，没准还得被你们追着骂。况且，你们有车有房，凭什么还要占用那些真正有需要的孩子的资源？”王姐毫不客气。

节省，没有错。但是，如果是想通过占用他人的资源来满足自己的私利，这就不仅仅涉及理财观念问题，还牵涉到了道德层面。

曾经听闻一个长辈说："钱这东西，多少是多，多少是少？多则多花，少则少花。要懂得知足。"

虽然，这话有些迂腐的味道，有点阻碍人追求上进的感觉，但是细想之下，又有何不妥？

当你的资金出现短缺时，你的钱叫储蓄，别人的钱就叫公有吗？

在古代，劫富济贫，叫作侠义；劫贫济富，叫作剥削。但是当今乃讲究公平正义的现代社会，只要合法，无论多少，都是他人正当、受保护的收益。如果你有本事，你也可以赚，但是如果没有，那就请乖乖地去一边看着别人点钞票，自己犯红眼病去。

再者，懒惰之性情是决然不能培养的。可能你会说，电视剧里那些富豪、土豪等各种豪，不就是天天谈谈恋爱、兜兜风、唱唱小曲、品品大餐吗，他们成天成天地不干活，不照样银行存款打着滚往上翻吗？

每每听及此，我只能说，怪不得你成不了任何一个豪。

这智商真的有点让人着急。之所以叫作“肥皂剧”，是因为它就像肥皂泡一样，一戳就破，禁不起任何的验证。相信这些就如同相信童话。可是你明白童话都是骗人的，却为什么对此竟深信不疑?

所谓的贫困，通常都是指经济上的困乏。但是，相较而言，精神上的困顿才是更值得惋惜的，而这并非指因书读得少而造成的窘境。事实上，精神困顿，无论是嫉妒还是懒惰，往往多是有钱人才会犯的通病。

按照常理来讲，他们应该通情达理，应该明辨是非，应该懂得奉献。然而，不管是横财还是意外收入，总之突然出现的钱财让他们不懂得该如何下手，更不懂得应该如何把握，反而坠入了贫困中的深渊——精神贫困。

经济上的贫困多催人上进，精神上的贫困往往让人迷失方向。

某种意义上，精神贫困，特别是很多有钱人的精神贫困，更加需要扶贫。

只是，或许任重而道远，然而必要且紧迫。

 帮助别人，也是一笔投资啊

伸手打的一般都不是笑脸人，何况面对的是一张真诚的笑脸。

前段时间二姐突然打电话给我，邀请我到她家小住几日。一来是因为我被单位安排了几天年休假，闲来无事；二来则是由于二姐孤身一人在异地，孤单寂寞冷。

二姐的家在省会，一座二线城市。而不论是我二姐的父母家即我叔叔家，还是我家，可以说是世代居住在三线城市里。

当初，二姐大学毕业后，找工作到了省会。与其他一起参加工作的外地同学、同事一样，二姐也选择了租房，而且是合租。

一个女孩，孤身在外，或许选择合租也是一个不错的选择。只要合租人性格等方面有保证，偶尔有个大事小情的，大家还可以互相帮助一下，倒也能让远在几百公里外的父母稍稍安心些。

但是，却没有一丝的安稳感。可能今天房东说要涨房租，明天又说要卖房子。总而言之，就是告诉你，赶紧腾地。于是，几乎是被赶来赶去的，二姐已经搬过好几次家了。每次不管住哪里，天天除了担心工作上的突发变故外，还要提心吊胆于打来的电话是不是又是房东的。

折腾，却没有办法。倒也不是说工作这么多年没有存下私房钱，只是人生地不熟，连个照应的人都没有，何苦买房呢。更不用说不仅会背上房贷，还要交出一笔巨额的首付。

然而，忽然有一天，二姐的母亲在非固定通话时间给二姐打了一通电话，这让二姐有些诧异。原来，母亲的表妹夫因为工作调动，到了省会，因为两个人不仅带着孩子，而且孩子还比较小，所以就不太愿意长期租住。于是，经过一段时间的精心寻觅，买下了一个新建小区的房子。得知二姐每天还在过着因为房子而时刻提心吊胆的日子，母亲的表妹就开始劝母亲，哪怕给二姐垫补点资金，先买套小点的房子。毕竟那是自己的，决定权在自己手里，而且还能坐等升值。至于位置，大可选在他们买的小区，不仅房子质量不错、配套设施齐全，关键是当时房价还不是很高，而且住得近，二姐又是单身，作为姨、姨夫，还可以有事时帮衬着点她。

婶婶觉得二姐已经长大成人，完全可以自己做主，于是挂断了电话让二姐自己考虑。

说起来，二姐的确是有主意、有行动力的一个人。得知如此好的一个消息，立马开始行动，不多久就也成了那个小区的一个业主。

此后经过装修、挑选家具等一番折腾，二姐终于住进了属于自己的一套房子。

舒心了，也就食欲大增；烦恼没了，也就终于重获深度睡眠。所以，眼瞅着，二姐就浑圆了起来。每当一提到房子，一提到姨当年的建议，二姐总是举起微胖的手大笑：“姨待我简直是一等一。现在虽然自己一人在外地，但是一想起一个小区里还有个亲人，心里可踏实了。”

不过，出乎所有人的预料，姨夫一家人在省会刚安稳地生活了5年，姨夫就又接到一纸调令，去了美国，而且预期在美国任职时间还比较长。无奈，姨打算带着孩子再次追随老公而去。

可是，人可以说走就走，但是房子却不能随人搬迁。因为是自住房，而且很有可能一家人还会回来，所以，姨并不想出租出去。但是，每年固定的物业费需要缴纳，房子内部需要维护，冬季取暖前还要集中试水，这些事情都离不开人。倒是也可以拜托父母遇事过来一趟，但是远且不说，父母都那么大岁数了，实在不忍心为这点事再让他们操心。

于是，很自然地，姨想到了二姐。可是，两人虽说是亲戚，姨始终觉得不太好意思开口对晚辈提这么一大串请求。于是，姨试着羞涩地先问了问，能不能在冬季试水时帮忙去屋里查看一下漏不漏水。

二姐还是很聪明的，一见姨这当口开口就已经明白了大概，于是很爽快地答应了，还捎带脚地补充了一句："姨别这么见外，我能住到这里，有一套自己的房子，还全亏了您呢。不就查看一下漏不漏水嘛，物业费什么的我都先帮您交着，只要您放心把钥匙交我保管，我就在您不在的这段时间里替您管好您的房子。咱本来就是亲戚，互相帮忙是应该的，您不用客气。而且姥姥、姥爷岁数也不小了，别让他们大老远地跑了，全交给我就行了。"

谁也不会预料到明天的你会遭遇什么坎坷，会需要谁的帮助。但是，你今天播下的每一颗善心，都会有所收获，或是明天，或是在不远处的将来。

好人有好报。当你在困难时，收获了一份帮助，你自然会被温暖，而只有在了解了无助时的孤单后，才会深切地明白被帮扶时的暖心。由此，当别人被困难横刀拦下时，你才会心有戚戚焉，才会不由自主地伸出援手。

笑容可以被感染，爱心也可以被传递。

人非木石，自会动容。当你真心帮助别人时，那颗被感动的心，定会看到你的善良，为你的热心肠所鼓动。如此，传递温暖的你，不也收获了快乐吗？

拿出一颗真心帮助他人，虽然短时期内可能不会收回付出的“成本”，但是你却相当于为自己做了一笔长远投资，或赚多或微利，却都是盈余的，再不济，也会有夸赞、感谢充溢心头，权当利息。

真心帮助别人吧，这实在是一笔划算的买卖，作为身处其中的投资者，横竖你都受益。

做一个快乐的人，用好人生的选择权

每个人都是自己命运的主宰。你笑也好，哭也罢，旁人充其量只能干预，在你生命中，他们永远无法反客为主。

初到这个单位时，我只知道楼上的部门经理是个性格温和、办事干练的光头男人，但是却一直不知他竟然是个癌症晚期患者。

我曾向其他同事打听过这位经理的往事。原来，他曾经也有一头茂密的短发，只是，经过了一期期的化疗，眼瞅着头发一把把地掉，稀稀疏疏的，怎么看怎么有损形象。于是，出院前，经理特意拦住了一位去病房兜揽剃发生意的伙计，将剩余的那些头发也全部齐茬推平，成了一个光头。

再次出现在公司时，大家其实都对此心知肚明，但是怕经理尴尬，纷纷将目光从经理头顶略过。倒是经理，一路笑眯眯的，逢人就问："看我这发型帅吗？什么时候下班晚需要走夜路了，提前打声招呼，我送你，保准不栽跟头。"

彼此哈哈一笑，整个办公区都被逗得好不热闹。

无独有偶，近期家中一位婶婶也被查出了癌症，同样是晚期。记得被确诊的那天晚上，我们整个家族的长辈全都聚集到了一起，商量该保守治疗还是上手术台。

那天我下班较晚，到家收拾一番再赶过去，已接近9点。

一路狂奔，本就有些气喘吁吁，双颊红润，思前想后，觉得应该先平复一下情绪再上楼，毕竟如此神色出现，总会有些不够严肃。

调整好心情，梳理完情绪，我一步步扎实地上楼。

按照我的想法，长辈们应该都聚集在里面你一言我一语地激烈讨论、争辩，恐怕轻声敲门会听不到。于是，举手落指间我不自觉地加重了些许力道。却在开门一瞬间迎上了母亲严厉的目光："敲那么重干吗？进来吧。"

平素里我不惧吵架，只害怕沉默。而当时，屋中就是这种骇人的沉默。

压抑。

屋中，我分明感觉，空气已沉重得飘不动，偶尔的流散，只是伴随着一声叹息在近距离范围内，悄悄地伸展一下懒腰，然后又肃穆静立。隐隐约约地，屋内仿佛还传出了婶婶低声啜泣声。

我抬手摸了摸脸颊，潮红早已褪去。而且此时，何止面无表情，就连眼睛都快呆滞了，我好想逃离这里，呼吸一口外面新鲜的口气，运动一下面部肌肉。

此后，我故意一次次地找借口逃脱去医院探病。但是，周末时，母亲特意告诉我，婶婶已经化疗了几次，身体已有了些反应，还是看看去比较好。

母命难违，我孤身一人走进了婶婶的病房。

婶婶确实很憔悴了。婶婶的头发也开始脱落了，应该说，已经脱得差不多了，有些可怕。看到我进来，婶婶向旁边的哥哥招了招手，哥哥看后，拿起了病床旁的帽子简单盖上了婶婶的头部。随后，婶婶向我挤了两个字：“来了。”接着就又合上了眼。

不知怎的，我竟有了些掉泪的冲动。

作为群居生物，你不可避免地会带给他人一些影响。当你发自内心微笑时，看到你笑容的，哪怕是陌生人，也会被感染，冲你微笑回来。同样地，你面无表情或是愤怒激动，作为你情感的被感染者，周围人同样也会感觉到心情的烦躁，哪怕他并没有理由。

衡量人生的价值，主要是看你为他人、为社会付出了多少。即便是一种快乐的情绪，那也是你的贡献，更何况，面对激烈的社会竞争、日益紧张的人际关系。快乐，本就越来越属于一种稀缺品。

如果你的笑容能够改变一方人的心态，这究竟是多大的一种贡献呢。

同时，一个人的身体健康状况也与心情有着莫大的关系。当你对着镜子展露一个大大的笑容时，你会发现，不管之前心情多么恶劣，看着自己傻乎乎的笑容，竟然也会平复悲伤、抹平愤恨、熄灭怒火。

愤怒没有了，怨气消失了，你又何来病变呢？

相信每个人都是惜命的。每个人的生命都只有一次，错过了没有回程票。所以，珍惜生命，是理所应当的。

然而如何珍惜，则要讲究方法，用好你手中的人生选择权。

一个微笑，一个快乐的心情，一个良好的心态，感染了别人，也说服了自己，何乐而不为。

你的人生只能你自己来抉择，别人口中的，叫作建议，或者说是，废话。

快乐或悲伤，随你选择。只是，希望你能够用好你手中珍贵的选择权。

越充实，越踏实，越有安全感

过于繁忙，会引发过劳死；过于清闲，会自成菌类培育体。只有取其中间值，才会成就充实又快乐的人生。

当年我决定从原单位出来时，所有得知此消息的人，不论是亲戚还是朋友，甚至是仅有几面之缘的路人甲都会上来苦口婆心地给我一系列忠告。

说来说去一句话：走了你会后悔的。

可是不走我会死的，闷死、闲死、憋死。一边是后悔，一边是死，我认真权衡了一下利弊，我觉得还是后悔好了。

我自认为，性格方面，我虽不至于太过嬉闹，但是也不至于沉浸于死水般的宁静；我虽不至于太过活跃，但是也不至于乐于每天过得毫无生气；我虽不喜好追剧看报，但是也不愿意上班与下班做同样的事情。

于是，我抱着对未来的忐忑，收拾了行李，离开了旱涝保收的避风港。

只期待走出港湾后，风浪不至于太大。

我以一个大龄女的身份来到了一家私企，从事助理岗位的工作。

初来乍到，不熟悉新的工作环境、新的同事、新的业务，这还都是小事。最重要的，我要收起我的懒散，从每天的三次打卡开始做起。

一切以考勤机数字说话，迟到一分钟是一个价，迟到半个小时又是一个价。我每天开始过起定闹钟的日子，揉揉粘在一起的上下眼皮，恍惚间开始洗脸刷牙，只为能够在规定的时间之前按下指纹。

上午，我不敢打哈欠，或者说是我不能打哈欠，因为每打一个，我都要浪费好几十秒。事情一个接一个，我不知道在上一个哈欠中欠下来的工作量我需要再提高几成速度才能赶上。于是，我才知道，原来，上午的时光中，我不仅可以不犯困，效率还能如此惊人。仅仅一个上午的时间，我的出货量竟然可以如此可观。

中午，我明白了，有一种休息叫作喝咖啡，或是在办公位闭目养神。谈天？请拿出手机来聊微信好了，随你跟谁聊，但是请保持安静，不要打扰其他人难得的休息时光。

下午，或开会，或出文件，或跑前跑后，但是无论做什么，手头有什么工作，如果你不想加班，都要抓紧时间。这里的薪酬体系中，有加班费这一项，但是忙碌了一天，自然是想要抓紧时间多回家休息一下，更遑论，“白天干不完，需要晚上加班补救”，这一句话的潜台词就是：没效率。

出来混，自然不想被人瞧不起。这里不讲背景，不论出身，只凭能力。想要给自己争得一口气，那就做好做好再做好。

一天下来，回到家连吃饭的力气都没有，特别是最开始那一个月，简直一回家倒头就睡，因为心里明白，第二天又是异常充实、忙碌的一天，不养足了精神，如何应对明天依旧会升起的朝阳？

作为一个局内人，我对自己的日子完全没有察觉、反思的自觉。然而，父母却时不时地对着我叹气，一开口就是："想当初这个点，你都已经吃完饭、洗漱好了，可是现在呢，刚刚进家门。唉！"可是，每当顶着朝阳、披着星光赶在路上时，我却发现内心满满。毫无以前一想起工作来就犯愁、抵触、千方百计想请假赖在家里的心理。

我想，这或许就是"充实的快乐"吧。

人生有千万种过法，每个人也各有不同的喜好。在人生这道大餐中，你可以选择充实，也可以点单空虚，但是不要忘记，你纵然热爱瘦身，喜好保持苗条身材，但是你也会有饥饿感。咀嚼了一盘空虚，将一团空气咽下肚，试问，你能以此填饱胃还是心灵？

当你还在母亲肚中时，上天就曾将一张空白试卷分发至你手中。答题时间：一生；答题内容：自述；字数要求：不限；文体要求：不限。大多数人，终其一生，都不停地尝试用自己的行动，在空白试卷上写写擦擦改改，只为能在生命的最后时光中，将一张写满了字迹的答卷交至上天手中。至于分数如何，毕竟试卷中分布着的是密密麻麻的小字，终究会有押中踩分点的一些语句。

于是，你踏实了。因为已经做足了努力，因为人生已足够充实。

所谓累并快乐着，大概就是这个意思吧。

没有慌张、没有凑数、更没有扯谎，你用你充实的行动，为自己交换了一颗定心丸。

安心感，充盈全身。

所以，你能在每个夜晚安然睡去，拥有一个好梦。因为，你值得拥有。

正所谓，越充实，也就越坦然，同时，也越快乐。

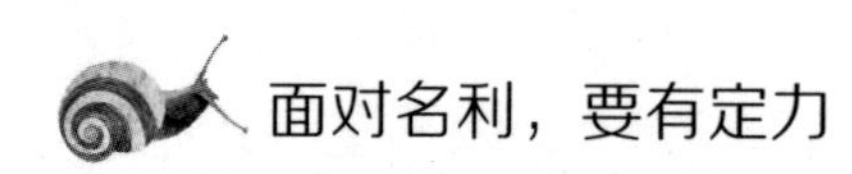

面对名利，要有定力

贪欲是个魔兽，想要打败它，需要强大的定力。

一连多日阴雨，感觉自己已经快被闷得发霉了。好不容易到了周末，天公竟意外地很作美。艳阳高照。纵然烤，但也算是可以晒晒太阳，进行一下“光合作用”了。

拎包上街。

一路吃吃喝喝，走走逛逛，看看小伙儿的帅脸蛋儿，瞅瞅小女孩的细长腿，分外养眼。

中午时分，站在路口等红绿灯。忽然看到一辆奔驰的大方盒子开过我身边，在前方不远处停了下来。开车门，一条细长的大白腿迈了出来。

“啧啧，这才是别人的腿。”我心里感叹着，抬起目光，准备收回。但是，一扫而过的美腿主人的脸，总感觉有些眼熟。对了，像极了巧巧。

巧巧是我的高中同学。那时，我们往来并不是很多，自然，高中一毕业，各奔东西之后也就断了联系。再见时就是高中毕业十周年的同学聚会了。

实话实说，高中时的巧巧，并不是那种人见人惊的标准锥子脸美女，充其量只能说给人感觉简单、清爽。

那次聚会上，因为多年未见，很多同学都发生了几乎可以说是翻天覆地的变化，但是巧巧却依旧是那么清清淡淡，一颦一笑都如往昔般轻柔和煦，只是好似多了点沧桑的味道，无端的有些许拒人于千里之外的感觉。不过，我也没有太过上心，只一心以为她就是毕业后找了份普通的工作，每天过着波澜不惊的日子，只是体验了社会中人心诡谲后的一份自然的警惕心理。

但是，大范围聚会结束后，在我们小圈子里的团聚餐上，我却听闻了一些与我的想法完全背道而驰的信息。

巧巧在大学毕业后没有选择继续深造，而是回到老家，进入了当地的一家企业。当时，巧巧公司所处行业已然处于爬坡上升期，公司急剧扩张的苗头微微有所显露。随后，一年内，公司升级为集团，各子公司在全国范围内开花结果。

业务扩张了，事务繁忙了，老总渐渐感觉到力不从心，于是打算提拔一个人做秘书。几轮筛选下来，巧巧顺利上位。然而，起初巧巧是很不想接受这份新的任命的。毕竟以前虽然没有直接接触过老总，但是对他的脾气秉性还是略有耳闻。惧怕，使她犹豫了。

可没想到的是，老总亲自对巧巧做了思想工作，而且还允诺将“秘书”岗位的层级向上调动，由此，工资自然也就上了好几个台阶。

巧巧接受了。

以此为起点，巧巧的生活有了质的飞越。时不时就随老总飞国外出公差兼旅游购物、乘高铁出公差兼旅游购物、坐豪车出公差兼旅游购物。总之，跟随老板，巧巧不仅开了眼，长了见识，提高了修养，还分分钟落得了一堆昂贵服饰、名贵包包、精良高跟鞋。

巧巧很美，很高兴，很舒心。但是，她却忘记了，有人笑，就必定有人哭。更严重的是，笑的人只是个小雏鸡，哭的人却是羽翼丰满的大母鸡及其鸡崽。

特别是在近一年中，巧巧的日子过得很不太平。先是老总的夫人去公司警告了巧巧之后又去巧巧住处威胁她，再是老总的儿子每到总部都是对巧巧视若不见。纵使有老总维护，但是，终究一个人的力量还是有限的。更何况，老总毕竟岁数一大把了，还能再继续干几年呢？于是，慢慢形势变得一边倒，就连同事都开始出现有意无意不待见她的情形。

听后我不禁唏嘘不已，但是又很纳闷地追问了一句：“既然如此，她干吗还要继续待在那里受这份气？！”

朋友听罢对我露出一副恨铁不成钢的神情：“得到了再失去是什么滋味？想想也知道啊。”

人，是一种十分贪婪的动物，尤其是在获得好处之后。

如同圈养在笼中的野兽一样。起初，如果你仅仅向它喂食草类，或许最开始时，它会抵触，但时间久了，当它习惯了草的香气后，自然也就驯服了。但是，请不要放松警惕，一旦它品尝过一次生肉的鲜香，它就再也忘不掉血的腥膻、肉的甜美、脏器的回味无穷。

可是，美味永远不可能达到极致状态，奢华的生活永远不会被开发穷尽，响当当的名气永远也不会传播到世界的各个犄角旮旯。

你试图用你有限的人生，去填注你无限的欲望。却不知，这分明是妄想。

或许你现在已有了些许的名与利，但是切莫妄自尊大，如若期许以你手握的这些去博取更大、更广阔、更无边的一切，纯粹以卵击石。

自然生生不息，日月轮回不止，你却仅有区区百年光阴。

况且，如若你所梦寐以求、孜孜不倦追求的名与利，是他人的赠予，则更有种朝不保夕的味道。对方的心情如何、对方的家眷是否乐意、对方的实力是否可以持续这种赠予，都是一个个不确定因素。

将自己的所求捆绑在他人身上，无异于将性命交付于他人。如此看来，还真是异常大方。

知足常乐。过分追求的名与利，只是撒旦在人间布下的诱饵，引诱你一步步走向深渊。

只愿你能压制住内心的魔鬼，不让它带领你依附于撒旦旗下。

他说他的话，我走我的路

走自己的路，让别人说去吧。

周日时参加了场婚礼。新郎是前同事C君，新娘听说是老家隔壁的婶婶给介绍的姑娘。

以前因为与C君比较熟，所以还算晓得他老家的情况。再加上他告诉我即将大婚的消息时，通过电波传来的没有丝毫精气神的声音，我觉得我可以想见对方的外貌与学识。

但是真正到了会场，近距离接触到了新娘，我不由得赞美了一句："你小子，命不错啊。"

高挑的身姿，精致的五官，得体的举止、谈吐。我想不出有什么原因让C君即使在婚礼上笑着，但是也难掩不开心的应付架势。

好在婚礼平安结束了，没有出现新娘悔婚或是新郎落跑这种狗血剧情。散场时，我们这些狐朋狗友本想跟他打声招呼就撤退，但他很诚挚地挽留住了我们："一起去喝一杯吧，从昨天晚上我就没吃什么东西，估摸着刚才你们也没吃好。"

我们向来没志气，跟吃更是没仇。明知这样做很对不起新娘子，但是我们一群人还是手拉手肩并肩地开第二场去了。

凉菜一上来，我们就开始了各种碰杯。虽然一直都比较熟，虽然我们知道他有话要说，但是只有酒才能壮㞞人胆，没喝醉、没喝开之前，我们还是中规中矩地说些不痛不痒的话。直到烟雾缭绕、喝得七荤八素之后，话才敞开了。

C君与我之前同在一家培训公司工作，平时的工作说起来比较单调：到处做培训。最大的一个特点就是出差多，而且往往一出差就是十天半个月。辛苦是肯定的，不过付出多，回报自然也很可观。

那个时候的我们，没有家庭的拖累，父母身体硬朗，也没有背上沉重的房贷或车贷，基本上可以算是一身轻。工作、聚会、游玩，是我们最日常的活动。

累，并快乐着。

似乎快乐的时光永远都是异常短暂的。

手掰着儿子的岁数，发现他竟然越来越大，单身的时间越来越长。不知从什么时候起，在那个熟人组成的邻里关系中，C君的父母每天最常听到的一句问话不再是以前的“吃了吗？”，而悄然变成了“儿子还没对象呢？”。

C君的母亲是个很传统的家庭妇女，也说不上什么遵守三从四德，但是儿子在家时也确是围着儿子转，儿子离开了则安分守己地照顾老伴。身体健康，生活方面有儿子支持，本也是很知足的。只是一直都把儿子孤身一人的境况当成是心中的一块疙瘩，别别扭扭的，不喜欢别人触碰，也不想以此惹儿子心烦，一味地自己撑着。

终于，在年根时，C君的母亲实在是忍不住了，将儿子叫到小屋里，关上门，拉着儿子恳谈。本来还想着只是问问、劝劝、试探试探，可没承想，说着说着竟然伤心地落了泪。

此情此景，让C君这个成天嘻嘻哈哈的七尺男儿沉默了。

初一拜年。C君老家的习俗是同龄的孩子要一起结伴去拜年，只要是同姓，只要是长辈，不论有没有血缘关系，都必须进屋说两句吉祥话。

一路上，同龄人用自己家的娃娃嬉笑C君的单身；到了长辈家，长辈用自己的孙男娣女教育C君要有担当。恍惚间，混着嗑瓜子、追逐打闹、扯八卦的嘈杂声，C君又听到了母亲的啜泣。

这个年，C君在沉默中度过。到了初七，收拾好行李的C君告诉母亲，他答应见见隔壁婶婶吹上天的那个远房亲戚，而且，这次回去他就辞职，回到老家，找份稍微安稳些，最起码不再东奔西跑的工作，娶妻生子。

“可是我却说不上有多喜欢她。只是觉得反正要结婚，差不多就得了，就她了。”吐出最后一个烟圈，C君掐灭了烟，一昂首，干了杯中的啤酒。

七大姑八大姨。这是一个相当庞大的群体，这并不是说她们人数众多，只是指她们唾沫星子多，反正淹死个把人完全没问题。

做好事，是她们每天不懈的追求。具体表现为：东拉西扯、旁敲侧击、孜孜不倦给你施压施压再施压。什么东家的女儿嫁了个大款；西家的儿子娶了个富婆；南家的闺女定居海外；北家的小子成了建校以来最年轻的博导。说完给你个小眼神，再伴以一声叹息，分分钟告诉你：“就数你最不咋的。”

其实面对这种尴尬场景，你要及时转变思路，惭愧、无言以对，这种传统套路通通不正确。应该说你平时要注意积累素材，多打听打听大妈们家里的那些事儿，以便在这种对话展开过程中能随便扔出来一句来回敬大妈们，诸如：“听说您家孙子都两岁多了说话还不咋利索？我看过一篇报道，语言能力和脑子的关系可大了，您不打算带他去看看？”“听说您家女婿又找了个漂亮姑娘？您家闺女啥时候跟他离婚啊。唉，就是苦了孩子了，还那么小呢，真是可怜见的。”

我自己的事，我自己家的事，用你操心？

嘴长你身上，说话、说什么话，的确是你的权利，但不要滥用你的权利，用我的痛苦来满足你的嘴瘾。

或许你是秉持了一颗关心我的真诚之心来在我耳边唠叨，但是，你不呆，我也不傻，不管什么事，说一遍、点到为止，再唠叨，就是没事找碴儿。更何况，许多人还是抱着看笑话的心态专挑别人的痛处戳。恶趣味十足。

你不仁，我何必义？

所以，对于你的唠叨，让我屈从？做梦去吧。

 一切的无病呻吟，都是闲出来的

门铃响了。开门，是一脸怒气的东东。

“我今天在这里睡了，去给我烧水，我要洗澡。”

这已经是东东这个月第5次在我家过夜了，好在这个月马上快过去了，可以清零了。

起初刚来时，东东还是满脸歉意的样子。虽然我家只有我一个人住，虽然我们是多年的闺密，但是毕竟都是这么大的人了，轻易打扰别人，总是不太好。

然而次数多了，时间长了，也就轻车熟路了，脸皮也就

随之越来越厚。

烧上水，我按程序问了一句："这次又怎么了？"虽然我觉得完全是多此一问，因为多少次了，翻过来掉过去的，不过就是因为点鸡毛蒜皮的小事，与她老公吵了个天翻地覆。

东东以前有工作，虽然不是什么干坐着就能拿工资的僵尸型工作，但是也并不累，每天8小时工作制，准点上下班，工资纵然不是很高，糊口是没问题。

只是有一点：卡得比较严。例如，每天不准迟到，不许早退，连请假都要扣工资，上班期间更是不准吃零食、聊天、上网。

其实东东不是那种刺儿头，所以在开始的几年里，东东与公司、与领导还是比较相安无事的。但是，作为一个女人，尤其是像东东这样比较向往家庭的女人，结婚是肯定的，随后就是怀孕。

至此，事情来了。

怀孕后作为一个准母亲，很自然的，也很应该的，保护肚子，也就是保护孩子。而每天的早高峰、晚高峰往往是人挤人、挤死人的节奏。晚高峰还好说些，大不了告诉老公一声，晚点回家。可是避开早高峰的话就有点困难了。

东东所在的公司每天8点上班，怀了孕的东东不敢快步走，而且等公交车也需要时间，再加上在车上的时间，往往路上要花费1个小时左右，再加上错峰出行打出的提前量，起床收拾、吃饭，算下来就必须5点起床。这个数字对东东来讲简直是个折磨。

坐公交车不现实，私家车没有，专车算下来觉得成本高、坐不起。左右一衡量，东东狠下心来天天迟到，大不了就扣工资呗。

可是长此以往，领导对东东的意见越来越大，岂止是扣工资，简直是天天都不给东东好脸色。于是，东东一怒之下辞职了。

回到家的东东安心养胎、努力生产、全力带孩子，一晃就是5年。换句话说，东东脱离职场已经5个年头了。

5年，且不说资本市场如何风起云涌，就是小区楼下拐角处的餐馆都已经换了两茬了。但是，东东一如既往，5年如一日地原地踏步。

她不能理解为什么抱着文件翻阅的老公总是叹气，不明白为什么不胜酒力的老公总是在酒场上不停地与他人碰杯、干杯，不晓得为什么年岁逐渐增长的老公竟越发注重自己的穿着仪表。

苦思冥想的她，终于在某天刷厕所时恍然大悟。从此以后，东东每听到老公叹气，闻到老公身上酒味，熨烫老公衣领时，都要酸酸来句："今天见谁去了？姿色不错是吗？"

老公一开始还连开玩笑带辩解地回她一句，后来，一遍遍这种套路，烦不胜烦的老公一听，甚至一看她那种挑衅的眼神就扭身走了。

自此，大吵夹杂着小吵，轮番上演，动不动就来一出。直接后果就是，我动不动就需要收留东东一晚。

果不其然，在听完我的问句后，东东就开始一把鼻涕一把泪地抱着纸抽盒哭诉老公的种种不是、种种花心、种种让人不能忍。

“可是，你的生活是谁给的呢？”我讨厌哭声，心烦。所以我只能不客气地打断东东的鬼哭狼嚎。

东东听后不吭声。

“东东，我问你，你已经多少年不去工作了？”

“5年吧。”

“你知道现在讨生活有多么艰难吗？而且你还不工作，全凭你老公一个人养着你和孩子。为什么你总是指责他，却从来不感激他呢？别忘了，是他给你吃的，给你喝的，给你穿的。”

“我感激了，可是，是他有错在先啊。”

“什么错？说句不好听的，就他现在的程度，能养活你们家，能供起你们家就不错，还养个小的，你倒是想让他养呢。”

“什么意思啊？怎么说话呢？”

“我怎么说话啊，你想让我怎么说话？我还没说你呢。你知道为什么你们会吵吗？因为你瞎想。你知道为什么你瞎想吗？因为你无聊。你知道你为什么无聊吗？因为你不去工作。你想想你以前上班时候，会这么闲得没事干吗？虽然事情不多，但是你也会上心，你也会规划一下明天该干什么，你也会想想今天还有什么事没有干完，明天该从哪里继续着手干。那时候你既做家务又上班，你回想一下，你有那闲工夫撒泼耍赖吗？”

大概是我久不冲她发火了，东东听后，连抽泣都忘了，双眼挂着泪珠，只是一劲儿地看我。

良久，她才“哇”地又哭了出来：“可是我已经很久都不接触社会了，我怕我回不去了啊。”

其实，不管是东东还是我，都明白，这无关能不能回去的问题，而是需不需要回去。

人类不能没有想象。多少的新发明、新假说、新设想都是由想象激发的。如果没有了想象，我们现在在哪里，过着怎样的生活，全都不好说。

填满了你的头脑，充实了你的内心，你自然会感觉到生命的重量，自我的价值，人生的快乐。

而如何填满呢？用争吵？用斗殴？用无所事事、到处闲逛？

一切的凑合、应付，往往最终都会成为过眼云烟，不能长存。今日的你对于各色事物的敷衍，大多并非出自你的喜好，只是由于它并不重要，你并不喜欢，你于它而言全无责任之说。

虽然人是善变的，虽然你今天还在信誓旦旦地说着你会爱对方到地老天荒，一觉过后你可能就会准时失忆，但最起码，喜欢之心、热爱之情，曾经充溢着你全身，由此，你全身心地投入其中，你的责任感会爆棚。热情洋溢、心潮澎湃，牵引着你度过丰富多彩的每一秒。身处其中的你，哪里还有时间思考单调为何意。

人的头脑说大也小，说小也大，它的容量总是相对固定的。当你用丰富的生活将其塞满时，它自然没有多余的空间去储存单调感。如此，你又如何让其向内心发射指令，告诉它单调、空虚呢?

当然了，如果你的生活本就灰暗，就不要抱怨自己看不到艳阳。玻璃脏了，你知道擦洗。但心头暗了，为何你就只知叹气，不知拿起抹布擦去灰尘，让其重现昔日光辉呢?